F. Korkmaz

Hydrospeicher
als Energiespeicher

Mit 87 Abbildungen

Springer-Verlag
Berlin Heidelberg New York 1982

Dr.-Ing. F. Korkmaz

Lehrbeauftragter für unkonventionelle
Kraftfahrzeugantriebe an der Technischen
Universität Berlin

CIP-Kurztitelaufnahme der Deutschen Bibliothek

Korkmaz, Feridun:
Hydrospeicher als Energiespeicher/Feridun Korkmaz –
Berlin, Heidelberg, New York: Springer, 1982.

ISBN-13:978-3-540-11109-2   e-ISBN-13:978-3-642-81737-3
DOI: 10.1007/978-3-642-81737-3

© Springer-Verlag Berlin, Heidelberg 1982

2060/3020-543210

Vorwort

Auf den Einsatz von Hydrospeichern in Hydraulikanlagen kann heute sowohl
unter dem Aspekt guter technischer Auslegung als auch bester Wirtschaftlichkeit nicht verzichtet werden. Gemessen an der Bedeutung dieses Bau-
elements der Ölhydraulik sind die dem Ingenieur bisher für die Auslegung
eines Hydrospeichers zur Verfügung stehenden Hilfsmittel unzureichend.
Die Auswahl eines geeigneten Hydrospeichers erfolgt in der Praxis oft
nach dem Trial-and-error-Prinzip.

Vorrangiges Ziel des vorliegenden Buches ist es, dem in der Praxis tätigen Ingenieur genaue Hilfsmittel zur Auslegung eines Hydrospeichers als
Energiespeicher bereitzustellen. Darüberhinaus spricht das Buch Entwick-
lungs- und Forschungsingenieure an, indem es auf neue Entwicklungen,
insbesondere bei der Auswahl des Energieträgers, eingeht.

Dem Hydraulikfachmann wird auffallen, daß die hier gewählte Darstel-
lungsweise der Arbeitsdiagramme teilweise von der in der Praxis üblichen
Form abweicht. Die in diesem Buch verwendete dimensionslose Darstellung
ist nach Ansicht des Verfassers knapp und anschaulich und erlaubt eine
Generalisierung der Ergebnisse.

Von Prof. Otis (Wisconsin/USA), der durch mehrere Veröffentlichungen
über Hydrospeicher hervorgetreten ist, stammen einige der in diesem
Buch vorgestellten Ergebnisse. Ich möchte ihm an dieser Stelle für die
freundlicherweise erteilte Abdruckerlaubnis danken. Auch Prof. Schlösser
(Eindhoven/Holland) gilt mein Dank, denn er war es, der mich zur näheren
Beschäftigung mit Fragen des Hydrospeichers ermutigt hat.

Berlin, im September 1981   F. Korkmaz

Inhaltsverzeichnis

Zusammenstellung häufig verwendeter Formelzeichen

Zeichen	Bedeutung	SI-Einheit	Weitere Einheit
A	Wärmeübergangsfläche der Gasfüllung	m^2	-
c_p	Spez. Wärmekapazität bei konst. Druck	$\frac{J}{kg\ K}$	-
c_v	Spez. Wärmekapazität bei konst. Volumen	$\frac{J}{kg\ K}$	-
E_S	Energiedichte des Hydrospeichers	$\frac{Wh}{kg}$	-
f	Frequenz des Ölstroms	Hz	$\frac{1}{s}$
f	Kapazitätsfaktor	-	-
h	Spez. Enthalpie	$\frac{J}{kg}$	-
m	Gasmasse	kg	-
n	Polytropenexponent	-	-
p	Druck	bar	N/m^2
Q	Wärme	J	-
q	Spez. Wärme	$\frac{J}{kg}$	-
q	Volumenstrom, Ölstrom	m^3/s	$1/s$
R	Gaskonstante	$\frac{J}{kg\ K}$	-
s	Spez. Entropie	$\frac{J}{kg\ K}$	-
T	Temperatur des Gases	K	°C
t	Zeit	s	-
U	Innere Energie	J	-
u	Spez. innere Energie	$\frac{J}{kg}$	-
V	Volumen des Gases	m^3	l
v	Spez. Volumen	$\frac{m^3}{kg}$	-
W	Arbeit, Energie	J	Wh
w	Spez. Arbeit	$\frac{J}{kg}$	-
x	Dampfanteil bei kondensierbarem Gas	-	-

Zeichen	Bedeutung	SI-Einheit	Weitere Einheit
x	Konzentration beim Gasgemisch	-	-
z	Realgasfaktor, Realfaktor	-	-
κ	Wärmeübergangskoeffizient an der Gasfüllung	$\dfrac{W}{m^2\,K}$	-
ΔV	Ölvolumen, Nutzvolumen	m^3	1
η	Wirkungsgrad	-	-
Θ	Betriebstemperatur der hydraulischen Anlage	K	°C
κ	Adiabatenexponent, Exponent der Isentrope im realen Fall	-	-
$κ_T$	Exponent der Isotherme im realen Fall		
ν	Volumenfaktor	-	-
τ	Thermische Zeitkonstante	s	-
χ	Relative Energiekapazität	-	-
ω	Kreisfrequenz des Ölstroms	$\dfrac{rad}{s}$	-

1 Einleitung

Der Hydrospeicher ist ein Bauelement der Ölhydraulik zur Aufnahme oder
Abgabe von Hydrauliköl unter Druck. Zur Energieaufnahme oder -abgabe im
Hydrospeicher wird ein geeigneter Energieträger, zumeist eine vorge-
spannte Gasfüllung, herangezogen. Das Hydrauliköl selbst ist infolge der
sehr geringen Kompressibilität als Energieträger nicht geeignet. Im allgemeinen sind der Energieträger und das Hydrauliköl durch ein Trennglied
voneinander getrennt.

Hydrospeicher finden in hydraulischen Anlagen Anwendung als Energiespeicher, als Feder- und als Dämpferelement. Das vorliegende Buch beschränkt
sich auf den Hydrospeicher als Energiespeicher. Wenn der Hydrospeicher
bei den anderen beiden Anwendungsbereichen strenggenommen auch einen
Energiespeicher darstellt, so verlangt die Behandlung des Hydrospeichers
als Feder- und als Dämpferelement die Berücksichtigung der Massenträg-
heiten (Last, Trennglied, Hydrauliköl) und der Reibungseffekte. Die the-
matische Beschränkung bedeutet also, daß Anwendungsfälle, bei denen diese Faktoren von Bedeutung sind, hier nicht näher behandelt werden. Der
Titel "Hydrospeicher als Energiespeicher" bringt diese Beschränkung zum
Ausdruck. Dessen ungeachtet sind in einen Sonderabschnitt des Literatur-
verzeichnisses Arbeiten aufgenommen, die den Hydrospeicher als Feder-
und als Dämpferelement behandeln.

Unter der genannten thematischen Beschränkung will das vorliegende Buch
mit den Anwendungsmöglichkeiten und Bauarten von Hydrospeichern vertraut
machen, die Grundlagen für die Auslegung der Spezifikationen eines Hydrospeichers liefern, sowie auf Maßnahmen zur Erhöhung der Energiekapazität eines Hydrospeichers hinweisen. Entsprechend diesem Ziel ist das
Buch in folgende Kapitel gegliedert, wie es zugleich im Bild 1.1 im
Blockschema mit den Verknüpfungen der einzelnen Kapitel dargestellt ist.

Im Kapitel 2 werden Einsatzzweck und Anwendungsbereiche von Hydrospeichern erläutert. Im Kapitel 3 werden die Bauarten von Hydrospeichern

vorgestellt, wobei auf Kolben-, Blasen- und Membranspeicher näher eingegangen wird. Im Kapitel 4 werden die Betriebskenngrößen von Hydrospeichern definiert.

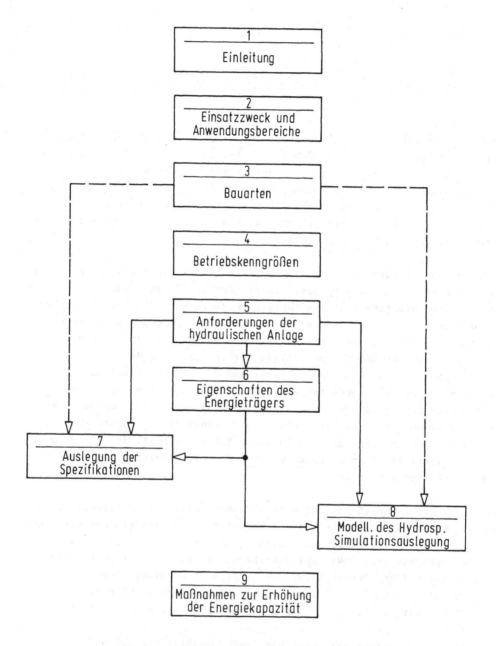

Bild 1.1. Blockschema zur Verknüpfung der einzelnen Kapitel

In den darauffolgenden beiden Kapiteln werden die Vorbedingungen für die Auslegung geschaffen, wobei im Kapitel 5 die Anforderungen der hydraulischen Anlage an den Hydrospeicher erläutert werden und im Kapitel 6 auf die Eigenschaften gasförmiger Energieträger eingegangen wird. Im Kapitel 6 wird der Energieträger zunächst unter Voraussetzung des idealen und dann des realen Gasverhaltens betrachtet. Die Erweiterung auf das Realgasverhalten ist deshalb notwendig, weil Stickstoff als meistverwendeter Energieträger vor allem bei hohen Drücken und niedrigen Temperaturen sehr stark vom Idealgasverhalten abweicht.

In den nächsten beiden Kapiteln werden zwei unterschiedliche Auslegungsmethoden vorgestellt. So erfolgt im Kapitel 7 die Auslegung der Spezifikationen des Hydrospeichers auf klassische Weise, d. h., daß die Auslegung unter Vorgabe des Bedarfs (z. B. als Ölvolumen) und unter Voraussetzung der Art der Zustandsänderung beim Lade- und Entladevorgang (z. B. isotherm oder adiabat) vorgenommen wird. Kapitel 8 wird mit dem vorrangigen Ziel der Simulationsauslegung ein Hydrospeicher-Modell gebildet, das den Arbeits- und Wärmeaustauschvorgang an der Gasfüllung beschreibt.

Im letzten Kapitel 9 werden Maßnahmen zur Erhöhung der Energiekapazität eines Hydrospeichers, insbesondere der Einsatz neuer Energieträger, diskutiert.

Das umfangreiche Literaturverzeichnis enthält auch Titel, die in diesem Buch nicht zitiert werden und ist als eine Bibliographie über Hydrospeicher aufzufassen.

Wie aus der obigen Gliederung ersichtlich, zielt das vorliegende Buch in erster Linie auf die Auslegung von Hydrospeichern ab. Nicht berücksichtigt wurden Fragen zur Herstellung, Betrieb und Wartung von Hydrospeichern. Hierfür seien auf die Informationsschriften der Hersteller und auf die CETOP-Richtlinien [75, 76] hingewiesen.

2 Einsatzzweck und Anwendungsbereiche

Eine wirtschaftlich und technisch optimal konzipierte Hydraulikanlage
ist kaum denkbar ohne Einsatz von Hydrospeichern. Vom wirtschaftlichen
Standpunkt bringt der Einsatz von Hydrospeichern i. a. niedrigere Anla-
gen- und Betriebskosten (Energieeinsparung) und die Möglichkeit raummi-
nimaler Anlagen. Vom technischen Standpunkt kann die Verwendung eines
Hydrospeichers in Hinsicht auf die Erfüllung bestimmter Funktionen, auf
die Erhöhung der Zuverlässigkeit, auf die Verbesserung des Gesamtwir-
kungsgrads, auf die Steigerung der Lebensdauer von Anlagenkomponenten
und auf die Vermeidung von Nebenerscheinungen (Geräuschentstehung, Wär-
meentwicklung) notwendig oder zweckmäßig sein.

Hydrospeicher finden Anwendung: zur Einsparung der zu installierenden
Pumpenleistung bei schwankendem Ölbedarf, zur Energieversorgung in Notfällen, als Energiequelle für Arbeitsvorgänge mit kurzzeitigem, jedoch
hohem Leistungsbedarf, zur Verkürzung von Arbeitszyklen, zum Betrieb von
Nebenkreisen, zum Volumenausgleich bei Druck- und Temperaturschwankun-
gen, zur Druckhaltung in geschlossenen Kreisen, zum Ausgleich von Leckverlusten, zur Bremsenergierückgewinnung, als Druckflüssigkeitsreser-
voir, zur Trennung flüssiger Medien, als Federelement und als Dämpferelement zur Stoß- und Pulsationsdämpfung. Im folgenden sollen einige Anwendungsmöglichkeiten näher erläutert werden.

In hydraulischen Anlagen mit schwankendem Ölstrombedarf (z. B. bei in-
termittierendem Betrieb), vor allem wenn maximaler und durchschnittli-
cher Ölstrombedarf stark voneinander abweichen, kann durch den Einsatz
eines Hydrospeichers die Pumpenleistung reduziert werden. Die Pumpe wird
auf den durchschnittlichen (wenn sie kontinuierlich läuft) oder etwas
größeren Ölstrom ausgelegt. Ist der augenblickliche Ölstrombedarf größer
als der Förderstrom der Pumpe, so liefert der Hydrospeicher den Mehrbe-
darf. Ist er kleiner, so wird mit dem überschüssigen Ölstrom der Hydrospeicher aufgeladen (s. Bild 2.1).

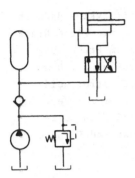

Bild 2.1. Hydrospeicher zur
Reduzierung der Pumpenleistung
bei schwankendem Ölstrombedarf

Hydrospeicher können zur Energieversorgung bei Notfällen, z. B. beim
Versagen der Pumpe oder Ausfall des Netzes, eingesetzt werden, um den
bereits begonnenen Arbeitstakt der Hydraulikanlage zu vollenden (s. Bild
2.2).

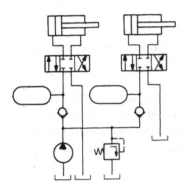

Bild 2.2. Hydrospeicher zur Energieversorgung in Notfällen

Hydrospeicher werden auch als Energiequelle für solche Verbraucher eingesetzt, die kurzzeitig, einmalig oder periodisch, hohen Ölstrombedarf
aufweisen, wie z. B. Pressen, Stanzen und hydraulische Anlasser (s. Bild
2.3).

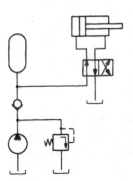

Bild 2.3. Hydrospeicher zur Deckung
von hohem Leistungsbedarf

Bei bestimmten hydraulischen Anlagen läßt sich der Arbeitszyklus dadurch
verkürzen, daß der Leerhub mit hoher Geschwindigkeit und niedrigem Druck
und der Arbeitshub mit niedriger Geschwindigkeit und hohem Druck ausgeführt wird. So wird gemäß dem im Bild 2.4 gegebenen Beispiel die hohe
Geschwindigkeit im Leerhub dadurch erzielt, daß der Förderstrom beider
Pumpen und der Entladestrom des Hydrospeichers dem Zylinder zur Verfügung stehen. Beim Arbeitshub steigt der Druck und schließt das Rück-
schlagventil 3. Nur Pumpe 1 speist dann den Zylinder, während Pumpe 2
den Hydrospeicher auflädt.

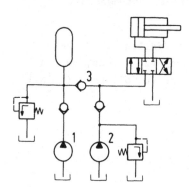

Bild 2.4. Hydrospeicher zur Verkürzung
von Arbeitszyklen

Bei Hydraulikanlagen mit aussetzendem Hauptkreis kann man zum Betrieb
von Nebenkreisen (z. B. Steuerkreisen) einen Hydrospeicher einsetzen.
Beim Aussetzen des Hauptkreises wird die Pumpe auf den Hydrospeicher geschaltet und so der notwendige Ölbedarf zum Betrieb des Nebenkreises bereitgestellt (s. Bild 2.5).

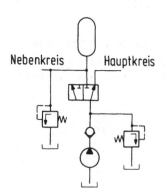

Nebenkreis   Hauptkreis

Bild 2.5. Hydrospeicher zum Betrieb
von Nebenkreisen

Hydraulische Arbeitskreise, die unterschiedlichen Temperaturen ausgesetzt sind oder bei denen durch kurze Einwirkung mechanischer Kräfte am
Zylinder unzulässig hohe Drücke auftreten, werden durch einen Hydrospeicher geschützt. Jede Änderung des Ölvolumens wird vom Hydrospeicher aus-
geglichen (s. Bild 2.6).

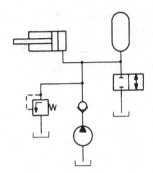

Bild 2.6. Hydrospeicher zum Volumenausgleich bei Temperatur- und Druck-
schwankungen

In einem geschlossenen Arbeitskreis kann der Hydrospeicher zur Aufrecht-
erhaltung eines Drucks verwendet werden, um z. B. die Funktion einer
Spanneinrichtung zu gewährleisten. Die Pumpe kann nach Betätigung der
Spannvorrichtung auf andere Verbraucher geschaltet werden, währenddessen
der Hydrospeicher den erforderlichen Spanndruck aufrechterhält (s. Bild
2.7).

Spannzylinder   and. Verbraucher

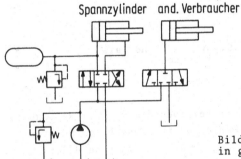

Bild 2.7. Hydrospeicher zur Druckhaltung
in geschlossenen Kreisen

Soll trotz Leckverluste der Druck in einem geschlossenen Arbeitskreis
über längere Zeit näherungsweise konstant gehalten werden, so kann dies
mit einem Hydrospeicher erreicht werden, der dann die Leckverluste
deckt. Bei Unterschreitung der unteren Druckgrenze muß dann der Hydrospeicher durch die Pumpe aufgeladen werden (s. Bild 2.8).

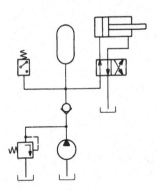

Bild 2.8. Hydrospeicher zum
Ausgleich von Leckverlusten

Die beim Abbremsen einer translatorisch oder rotatorisch bewegten Masse
zurückgewonnene Energie kann in einem Hydrospeicher aufgefangen und nach
Bewegungsumkehr zur Beschleunigung der Masse herangezogen werden (s. Bild
2.9). Durch Bremsenergierückgewinnung kann man je nach Einsatzbedingungen hohe Energieeinsparungen erzielen.

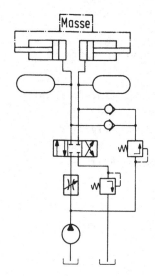

Bild 2.9. Hydrospeicher als
Bremsenergiespeicher

Als Federelemente werden Hydrospeicher in Verbindung mit einem Reibungs-
glied, z. B. mit einer am Eingang des Hydrospeichers angebrachten Dros-
sel, verwendet. Im Fahrzeugbau hat die sog. hydropneumatische Federung
bei Personen- und Lastkraftwagen sowie bei Sonderfahrzeugen Eingang ge-
funden. Auch in der Mobilhydraulik (Laderaupen, Radlader) wird der Hydrospeicher zur Lastfederung herangezogen, um Druckspitzen beim Abfangen
der Last oder beim Fahrbetrieb abzubauen (s. Bild 2.10).

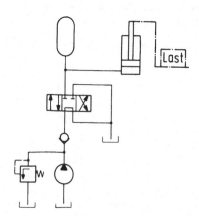

Bild 2.10. Hydrospeicher als Federelement

Als Dämpferelemente vermindern Hydrospeicher die Druckstöße bei schnel-
ler Verzögerung von Ölsäulen (z. B. bei schnell schließenden Ventilen).
Dabei soll der Hydrospeicher möglichst nahe an der den Druckstoß erzeu-
genden Stelle angebracht werden. Hydrospeicher bewirken auch, daß der
infolge der Ungleichförmigkeit der Hydropumpe pulsierende Ölstrom ge-
dämpft wird, so daß der Druck nicht mehr hohen Schwankungen unterworfen
ist.

3 Bauarten

3.1 Systematik

Die Hydrospeicherbauarten lassen sich klassifizieren nach Art des Energieträgers, nach Art des Trennglieds und danach, ob ein Hydrospeicher
mit zusätzlichen Gasbehältern verwendet wird.

Zur Energiespeicherung im Hydrospeicher kann man die potentielle Energie
eines Gewichts, einer Feder oder einer Gasfüllung ausnutzen. Je nach
Energieträger unterscheidet man deshalb zwischen

- gewichtsbelasteten
- federbelasteten
- gasbelasteten

Speicherbauarten. Die Bedeutung der ersten beiden Bauarten ist stark zu-
rückgegangen. Gewichtsbelastete Hydrospeicher sind sperrig und infolge
des hohen Gewichts zur Erzeugung des Drucks nicht für alle Anwendungsbereiche geeignet. Sie bieten jedoch den Vorteil, daß der Druck stets konstant bleibt. Federbelastete Hydrospeicher haben den Nachteil, daß die
Feder sich setzt und korrodiert. Außerdem ist infolge der relativ hohen
Federmasse der Einsatz von federbelasteten Hydrospeichern nicht immer
vorteilhaft. Bei gasbelasteten Hydrospeichern ist der Energieträger ein
inertes Gas. Fast ausschließlich wird Stickstoff als Energieträger verwendet.

Bei gasbelasteten Hydrospeichern unterscheidet man je nach Art der Trennung des Gases vom Hydrauliköl zwischen den Bauarten:

- Speicher ohne Trennglied (hier nicht näher behandelt) ,
- Speicher mit Trennglied; das sind Kolben-, Blasen- und Membranspeicher.

Schließlich unterscheidet man zwischen einem Hydrospeicher der Standard-
und Transferbauart. Die Transferbauart kann mit zusätzlichen Gasbehältern, die an die Gasseite des Hydrospeichers angeschlossen sind, als
Transfer-System betrieben werden.

Im folgenden werden Kolben-, Blasen- und Membranspeicher näher beschrieben. Ihre wichtigsten Merkmale sind in der Tabelle 3.1 zusammengestellt.

Tabelle 3.1. Die wichtigsten Merkmale handelsüblicher Hydrospeicher

M e r k m a l e	\\ S p e i c h e r b a u a r t e n \\ KOLBENSPEICHER	BLASENSPEICHER	MEMBRANSPEICHER
Baugröße (Nennvolumen) [l]	0,6...600	0,2...200	0,07...5 (...50)
Druckbereich p_{max} [bar]	160...400	35...550	10...500
Minimales Druckverhältnis $p_0 : p_3$	...1:10 (...12)	...1:5 \\ ...1:8 (Transfer)	...1:8 (...10)
Volumennutzungsgrad ν_{Kmax}	...0,85	...0,6 \\ ...0,8 (Transfer)	...0,80
Relativer Reibungsdruck p_R/p_{max}	0,015...0,1	reibungsfrei	reibungsfrei
Diffusionsverluste %/Jahr	keine Angaben	1-3 %	1-3 %
Zul. Temperaturbereich der Druckflüssigkeit [°C]	-20...+80 \\ -45...+150 (Speziell)	-20...+80 \\ -20...+150 (Speziell)	-20...+80 \\ -20...+150 (Speziell)
Maximaler Ölstrom [l/s]	...120	...120 \\ ...140 (High-Flow)	...140
Eignung für Transfer-System	geeignet	geeignet \\ als Transferbauart	nicht geeignet
Austauschbarkeit des Trennglieds	austauschbar	austauschbar	nicht austauschbar, \\ wenn geschweißt
Wartung	wartungsintensiv	wartungsarm	wartungsfrei

3.2 Kolbenspeicher

Beim Kolbenspeicher erfolgt die Trennung zwischen dem Gas- und Ölraum
durch einen Kolben, der in einem gehohnten Zylinder läuft und in der Regel auf Manschettenbasis abgedichtet ist (Bild 3.1). Der Kolben als
Trennglied ist austauschbar.

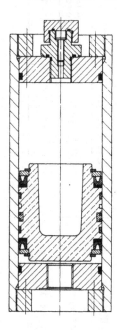

Bild 3.1. Kolbenspeicher (Hydac)

Dadurch, daß die Bewegung des Kolbens im Zylinder praktisch unbeschränkt
ist, kann der Kolbenspeicher mit sehr kleinen Druckverhältnissen und
großen Volumennutzungsgraden betrieben werden. In der Praxis sind Druckverhältnisse bis herunter zu $p_0 : p_3 = 1:10...1:12$ (p_0: Vorfülldruck, p_3:
Maximaler Betriebsdruck) üblich. Bis zu 85 % des Speichervolumens wird
für Öl ausgenutzt. (Über die Definition der Kenngrößen vgl. Kapitel 4).

Beim Kolbenspeicher ist das Trennglied reibungsbehaftet. Es gibt deshalb
stets ein Druckgefälle zwischen dem Gas- und dem Ölraum. Die Reibung
wird druckbezogen mit dem sog. Reibungsdruck p_R angegeben. Er beträgt je
nach Ausführung der Dichtung näherungsweise

$$p_R = 0,015...0,10 \, p_{max} \; .$$

In Wirklichkeit ist der Reibungsdruck nicht konstant, sondern steigt mit
dem Druck leicht an. Im Bild 3.2 ist der Verlauf des Reibungsdrucks von
zwei Kolbenspeichern dargestellt. Je kleiner der Betriebsdruck ist, um so
größer wird der relative Reibungsdruck p_R/p, weshalb der Einsatz von
Kolbenspeichern bei unteren Druckstufen nicht sinnvoll ist.

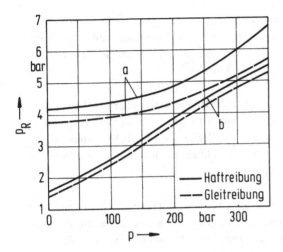

Bild 3.2. Reibungsdruck von Kobenspeichern
(aus Klein [21])
a) Kolben durch zwei 0-Ringe und zwei Nut-
   ringe gedichtet
b) Kolben mit innerer Druckübersetzung und
   Verbund-Dichtung

Das Trennglied des Kolbenspeichers ist massebehaftet. Wenn auch der Kolben in Leichtbau ausgeführt wird, ist der Einfluß der Reibung und Trägheit bei kleinen Volumina relativ groß. Deshalb kommen Kolbenspeicher
bis auf Sonderbauarten zur Stoß- und Pulsationsdämpfung nicht in Frage.
Im allgemeinen wird jedoch der Einfluß der Trägheit überschätzt. Wenn
ein Kolbenspeicher mit der Kolbenmasse m = 0,92 kg und der Druckfläche
A = 30 cm^2 einen mit 20 Hz pulsierenden Ölstrom mit der Amplitude
ΔV = 100 cm^3 umsetzen soll, so entspricht das einem Druckbeitrag von
Δp = 0,8 bar. Dieser Wert kann gegenüber dem Reibungsdruck vernachlässigt
werden.

Ein Nachteil von Kolbenspeichern ist die Tatsache, daß durch die Dichtungen Gas in den Ölraum diffundiert und Öl in den Gasraum gelangt. Daher benötigen Kolbenspeicher einen höheren Wartungsaufwand als andere
Bauarten. Der Gasdruck muß häufig überprüft und bei Bedarf Gas nachge-
füllt werden.

Der Kolbengeschwindigkeit sind von der Dichtung her Grenzen gesetzt. Sehr
hohe Geschwindigkeiten führen zur Überbeanspruchung der Dichtung und bei
sehr kleinen Geschwindigkeiten besteht die Gefahr, daß Stick-slip auftritt. Dichtungshersteller lassen Kolbengeschwindigkeiten bis 2 m/s zu.
Der Wert 2 m/s ergibt je nach Speicherdurchmesser Ölströme bis 120 l/s.

Kolbenspeicher sind schmutzempfindlich. Schmutzpartikel führen zur Abnutzung der gehohnten Zylinderoberfläche und der Dichtung und reduzieren somit die Lebensdauer. Eine Filterung des Öls unter 25 µm sollte bei Einsatz von Kolbenspeichern vorgenommen werden.

Kolbenspeicher werden aufgrund des hohen Volumennutzungsgrads bevorzugt mit nachgeschalteten Gasbehältern in Transfer-Systemen verwendet. Handelsübliche Stickstoffflaschen können zu diesem Zweck nicht eingesetzt werden. Die sehr kleine Durchgangsbohrung führt zu hohen Gasgeschwindigkeiten, zur Vereisung und Materialversprödung.

Kolbenspeicher erlauben im Gegensatz zu anderen Bauarten den Einbau von Füllstandsgebern bzw. Endschaltern. So ausgerüstete Hydrospeicher haben den Vorteil, daß der vollständige Speicherinhalt unabhängig von der Druckinformation stets zur Verfügung steht.

Kolbenspeicher sind durch entsprechende Wahl der Dichtungswerkstoffe für alle Druckflüssigkeiten mit Schmiermitteleigenschaften geeignet. Der gewöhnliche Temperaturbereich für Kolbenspeicher beträgt $T = -20...+80$ °C. Jedoch ist der Einsatz von Kolbenspeichern auch bei extremen Temperaturen (-45 bis +150 °C) bekannt.

<u>Handelsübliche Baugrößen und Druckbereiche:</u> Kolbenspeicher sind in mittleren Druckbereichen und bei großen Volumina vorherrschend. Handelsüblich sind: $p = 160...400$ bar und $V = 0,6...600$ l.

<u>Anwendungsbereiche:</u> Kolbenspeicher finden hauptsächlich Anwendung für große Volumina und Ölströme (häufig als Transfer-System ausgeführt) wie z. B. in Walzwerken, Hochofenanlagen und Kunststoffpressen.

3.3 Blasenspeicher

Beim Blasenspeicher ist das Trennglied i. a. eine geschlossene Blase aus einem elastischen, walkfähigen Werkstoff. Der Speicherbehälter ist zylindrisch und hat kugelige Enden (Bild 3.3). Ein Flüssigkeitsventil oder ein Sieb am Ölanschluß verhindert, daß die Blase beim vollständigen Entleeren des Speichers herausgedrückt wird. Die Blase ist ölseitig austauschbar.

Eine andere Variante stellen Blasenspeicher mit offener Blase dar. Bei dieser Bauart hat die Blase einen ähnlichen Aufbau wie eine Rollmembrane und ist gasseitig austauschbar (Bild 3.4). Die Blase ist einseitig ge-

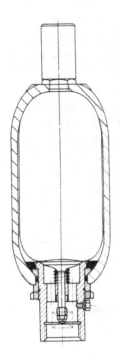

Bild 3.3. Blasenspeicher (Hydac)

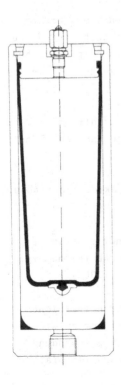

Bild 3.4. Blasenspeicher mit
offener Blase (Siegener Fein-
mechanik)

spritzt und kann aus einer Vielzahl von Werkstoffen hergestellt werden,
so daß Hydrospeicher mit offener Blase auch für aggressive Druckflüssigkeiten und für den Einsatz bei extremen Temperaturen geeignet sind.

Die Blase als Trennglied ist reibungsfrei. Es gibt daher kein Druckgefälle zwischen der Öl- und der Gasseite. Die Blase hat eine geringe Massenträgheit und weist so gut wie keinen Verformungswiderstand auf. Blasenspeicher sind deshalb zur Stoß- und Pulsationsdämpfung geeignet.

Blasenspeicher arbeiten mit Druckverhältnissen bis herunter zu $p_0:p_3=1:5$.
Bei kleineren Druckverhältnissen steigt die Walkbeanspruchung und die
thermische Belastung der Blase, so daß die Lebensdauer sinkt.

Im Gegensatz zu Kolbenspeichern sind die Diffusionsverluste bei Blasenspeichern gering, weil die Gasfüllung vollständig von der Blase umschlos-
sen ist. Die Diffusionsverluste betragen durchschnittlich 1-3 % pro Jahr.

Zulässige Ölströme bei Blasenspeichern sind durch den Strömungswider-
stand am Ölanschluß begrenzt. Gewöhnliche Blasenspeicher erlauben Ölströme bis 120 l/s, spezielle Bauarten ("High-Flow") bis 140 l/s.

Blasenspeicher der Transferbauart erlauben auch die Nachschaltung von
Gasbehältern. Bei solchen Hydrospeichern wird durch einen Transferstab
eine unkontrollierte Verformung der Blase verhindert. Deshalb kann diese
Bauart mit niedrigeren Druckverhältnissen bis herunter zu $p_0:p_3 = 1:8$ betrieben werden. Bis zu 80 % des Speichervolumens können ausgenutzt werden.

Blasenspeicher können durch geeignete Wahl des Blasenwerkstoffs mit einer Reihe von Druckflüssigkeiten verwendet werden. Der gewöhnliche Temperaturbereich beträgt T = -20...+80 °C.

Die Einbaulage von Blasenspeichern ist beliebig. Beim senkrechten Einbau
arbeiten sie jedoch zuverlässiger.

Handelsübliche Baugrößen und Druckbereiche: Blasenspeicher sind in der
Regel bei mittleren und großen Volumina und in allen Druckbereichen verbreitet. Handelsüblich sind: p = 35...550 bar und V = 0,2...200 l.

Anwendungsbereiche: Blasenspeicher werden in allen Anwendungsbereichen
eingesetzt, weil sie in der Regel alle an einen Hydrospeicher zu stel-
lenden Anforderungen erfüllen. Schwerpunktmäßig finden sie Anwendung
zur Energiespeicherung, zum Volumenausgleich bei Druck- und Temperatur-

schwankungen, zur Stoß- und Pulsationsdämpfung und zur Trennung flüssiger Medien.

3.4 Membranspeicher

Das Trennglied beim Membranspeicher ist eine Membrane aus elastischem, walkfähigem Werkstoff. Der Speicherbehälter ist kugelig bis zylindrisch-kugelig (Bild 3.5). Die Membrane hat in der Mitte einen Metallteller, der beim völligen Entleeren des Speichers das Herausdrücken aus dem Ölanschluß verhindert. Das Trennglied ist bei demontierbaren Speichern austauschbar, bei geschweißten Ausführungen nicht.

Bild 3.5. Membranspeicher

Die Membrane ist reibungsfrei. Es gibt daher kein Druckgefälle zwischen der Öl- und der Gasseite. Die Massenträgheit der Membrane ist gering. Membranspeicher werden deshalb bevorzugt zur Stoß- und Pulsationsdämpfung eingesetzt.

Membranspeicher erlauben kleinere Druckverhältnisse als Blasenspeicher, weil die Membrane keine ungünstige Verformung vollziehen kann. Üblich sind Druckverhältnisse bis herunter zu $p_0:p_3 = 1:8...1:10$. Bei kleinen Druckverhältnissen kann die thermische Belastung der Membrane steigen und die Lebensdauer sinken.

Die Diffusionsverluste sind bei Membranspeichern mit 1-3 % pro Jahr in der gleichen Größenordnung wie bei Blasenspeichern.

Die Membrane kann aus einer Vielzahl von Werkstoffen hergestellt werden, so daß Membranspeicher auch für aggressive Druckflüssigkeiten geeignet sind.

Membranspeicher weisen im Gegensatz zu anderen Bauarten die höchsten Energiedichten (Energieinhalt/Masse) auf. Dies ist auf die kugelige Form des Speicherbehälters zurückzuführen. Membranspeicher werden deshalb im Luft- und Raumfahrzeugbau bevorzugt eingesetzt.

Die Einbaulage von Membranspeichern ist beliebig, jedoch wird senkrechter Einbau bevorzugt.

Handelsübliche Baugrößen und Druckbereiche: Membranspeicher werden in der Regel dann hergestellt, wenn das Druck-Liter-Produkt (Maximal zulässiger Druck in bar, Inhalt in Liter) kleiner als 200 beträgt, weil sie dann der TÜV-Abnahmepflicht nicht unterliegen. Membranspeicher sind deshalb bei kleinen Volumina und in allen Druckbereichen verbreitet. Handelsüblich sind: $p = 10...500$ bar und $V = 0,07...5$ $(...50)$ l.

Anwendungsbereiche: Membranspeicher finden in der Regel bei kleinen Volumina, großen Stückzahlen und langen Wartungsabständen Anwendung. Sie werden schwerpunktsmäßig zur Stoß- und Pulsationsdämpfung eingesetzt.

4 Betriebskenngrößen gasgefüllter Hydrospeicher

In Anlehnung an die CETOP-Empfehlung RP 62 H [77] werden im vorliegenden Kapitel die gebräuchlichsten Betriebskenngrößen von gasgefüllten Hydrospeichern definiert. Zur Veranschaulichung einiger Betriebskenngrößen sind im Bild 4.1 am Beispiel eines Kolbenspeichers unterschiedliche Betriebszustände dargestellt.

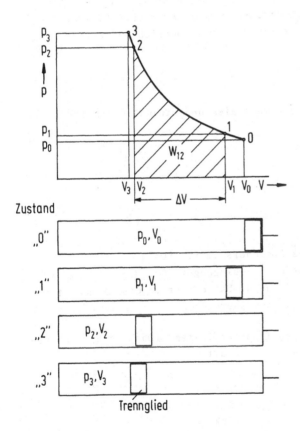

Bild 4.1. Zur Veranschaulichung der Betriebskenngrößen gasgefüllter Hydrospeicher

<u>Drücke:</u>

Es wird vorausgesetzt, daß im Betrieb auf der Öl- und der Gasseite der gleiche Druck herrscht.

p_0 : Gasvorspannung ($\hat{=}$Vorfülldruck) bei drucklosem Ölanschluß
Die Gasvorspannung ist eine stufenlos wählbare Auslegungsgröße.
Die Fülltemperatur soll im Bereich $\Theta_0 = 20\pm5$ °C liegen.

p_1 : Minimal erforderlicher Arbeitsdruck des hydraulischen Kreislaufs
In der Regel empfehlen die Hersteller, den minimal erforderlichen Arbeitsdruck um 10 % höher zu wählen als die Gasvorspannung.

p_2 : Maximaler Arbeitsdruck des hydraulischen Kreislaufs

p_3 : Einstelldruck des Sicherheitsventils des hydraulischen Kreislaufs
Der Druck p_3 ist um die Hysterese des Sicherheitsventils größer als p_2. p_3 ist der höchste Druck, der im Betrieb auftritt.

Abgeleitete Größen:

Δp : Druckdifferenz zwischen dem maximalen und minimalen Arbeitsdruck

$\dfrac{p_1}{p_2}$: Arbeitsdruckverhältnis

$\dfrac{p_0}{p_3}$: Minimales Druckverhältnis

<u>Volumina:</u>

V_0 : Effektives Gasvolumen des Speichers im Füllzustand
Effektives Gasvolumen ist eine Auslegungsgröße. Die Hersteller bieten V_0 in gestuften Größen an. Das effektive Gasvolumen stimmt nicht immer mit dem Nennvolumen überein.

V_{t0} : Effektives Gasvolumen eines Transfer-Systems (Das ist V_0 plus Gesamtvolumen nachgeschalteter Gasbehälter)

V_1 : Gasvolumen bei minimalem Arbeitsdruck

V_2 : Gasvolumen bei maximalem Arbeitsdruck

V_3 : Gasvolumen beim Ansprechdruck des Sicherheitsventils

Abgeleitete Größen:

ΔV : Nutzvolumen

Das ist die Volumendifferenz der Arbeitsflüssigkeit zwischen V_1 und V_2.

ν_{Kmax}: Volumennutzungsgrad

ν_{Kmax} ist ein Maß dafür, wieweit sich das anfängliche Gasvolumen im höchsten Fall verkleinert.

Volumenströme:

q_S : Am Hydrospeicher wirksamer Volumenstrom

Temperaturen:

Bei den Temperaturen wird zwischen der Gastemperatur und der Betriebstemperatur (Temperatur der Umgebung oder der Arbeitsflüssigkeit) unterschiden.

Gastemperatur:

T : Gastemperatur allgemein

Betriebstemperaturen:

Θ_0 : Vorfülltemperatur

Θ_{max}: Maximale Betriebstemperatur

Θ_{min}: Minimale Betriebstemperatur

5 Anforderungen der hydraulischen Anlage an den Hydrospeicher

5.1 Definition der Anforderungen

Die Anforderungen der hydraulischen Anlage an den Hydrospeicher bestehen darin, daß ein bestimmter Bedarf gedeckt und zugleich bestimmte Nebenbedingungen erfüllt werden sollen. Diese Anforderungen gehen neben den im nächsten Kapitel behandelten Eigenschaften des Energieträgers in die Auslegung ein, die im Kapitel 7 bzw. 8 vorgenommen wird.

Der Bedarf der hydraulischen Anlage wird in der Regel als

- $(\Delta V)_{erf}$ erforderliches Nutzvolumen bzw.
- W_{12erf} erforderliche Druckenergie

angegeben. Eine zweite Möglichkeit ist die Angabe des am Hydrospeicher wirksamen Ölstroms $q_S(t)$ über den Arbeitszyklus. Werden erforderliches Nutzvolumen bzw. erforderliche Energie angegeben, sollte auch auf die Lade- und Entladegeschwindigkeiten bzw. -zeiten hingewiesen werden.

Der Bedarf muß beim

- p_3 maximalen Betriebsdruck (meist durch den Systemdruck gegeben)

und bei extremen Betriebstemperaturen, d. h. bei

- Θ_{min} minimale Betriebstemperatur und bei
- Θ_{max} maximale Betriebstemperatur

gedeckt werden. Diese drei Größen kann man als <u>anlagenspezifische Kenngrößen</u> bezeichnen. In der Regel müssen sie vorgegeben sein.

Die als Anforderungen zu erfüllenden Nebenbedingungen lassen sich in

- allgemeine Bedingungen
- anlagenspezifische Bedingungen
- Extremalbedingungen

unterteilen. Es gibt auch bauartspezifische Bedingungen, die zwar nicht als Anforderungen der hydraulischen Anlage bezeichnet werden können, aber bei der Auslegung berücksichtigt werden müssen.

Allgemeine Bedingungen gelten für jeden Einsatzfall und in der Regel auch für jede Bauart von Hydrospeichern. Als solche seien definiert:

- $\dfrac{p_0}{p_1} \leq 0{,}90$ D. h., es muß gewährleistet sein, daß der minimale Arbeitsdruck p_1 größer ist als die Gasvorspannung p_0. Der Wert 0,90 wird allgemein von Herstellern empfohlen. Bei Kolbenspeichern wird manchmal anstelle der obigen Bedingung

$$p_1 - p_0 \geq 5 \text{ bar}$$

  gefordert.

- $\dfrac{p_2}{p_3} \leq 0{,}90$ D. h., es muß zwischen dem maximalen Arbeitsdruck p_2 und dem Ansprechdruck (Einstelldruck) des Sicherheitsventils p_3 eine Druckspanne sein. Der Wert 0,95 entspricht etwa der Hysterese von selbstgesteuerten Ventilen. Bei vorgesteuerten Ventilen kann man $p_2/p_3 \cong 1$ wählen.

Als **anlagenspezifische Bedingung** ist zu nennen, daß die Druckdifferenz Δp (Spanne zwischen den Arbeitsdrücken) einen vorgegebenen, zulässigen Wert $(\Delta p)_{zul}$ nicht überschreiten darf:

- $\Delta p \leq (\Delta p)_{zul}$

Manche Einsatzfälle erfordern relativ kleine (z. B. konstante Drucksysteme), manche höhere Druckdifferenzen (z. B. Federungen).

Als **Extremalbedingungen** seien genannt:

- $W_{12} \rightarrow W_{12max}$ D. h., es wird höchstmögliche Energiespeicherung bei vorgegebenem, maximalen Druck und Volumen gefordert.

- $E_S \rightarrow E_{Smax}$ D. h., es wird höchstmögliche Energiedichte (Energieinhalt/Masse) gefordert. Diese Forderung ist mit der obigen nicht identisch, wenn man die Masse des Öls und Gases berücksichtigt.

Solche Extremalbedingungen sind beim Einsatz von Hydrospeichern in Luft- und Raumfahrzeugen von Bedeutung. Gangrath [14] befaßt sich mit der Auslegung von Hydrospeichern unter besonderer Berücksichtigung solcher Extremalbedingungen.

Es ist selbstverständlich, daß bei einem Anwendungsfall die obigen Nebenbedingungen nicht alle zugleich gelten müssen. Es ist jedoch durchaus vorstellbar, daß mehrere, sogar miteinander konkurrierende Nebenbedingungen zu berücksichtigen sind.

5.2 Beispiele zu den Anforderungen

In diesem Abschnitt sollen anhand von zwei Beispielen aus der Praxis An-
forderungslisten aufgestellt werden.

Beispiel 5.1:

In einer hydraulischen Presse wird aus einem Hydrospeicher ein Ölstrom von $q_S = 2,64$ l/s über eine Zeit von nur $\Delta t = 5$ s benötigt, während die Zyklusdauer 120 s beträgt. Nach dem Arbeitstakt soll der
Hydrospeicher durch eine kleine Pumpe mit dem Förderstrom $q_p = 0,19$
l/s geladen werden. Der maximale Arbeitsdruck beträgt $p_2 = 207$ bar,
der minimal erforderliche Arbeitsdruck ist $p_1 = 138$ bar [47].

Aufgrund dieser Angaben läßt sich folgende Anforderungsliste aufstellen:

Bedarf:

- $(\Delta V)_{erf} = 13,2$ l Nutzvolumen
- $(\Delta t)_E = 5,0$ s Entladezeit
- $(\Delta t)_L = 69,5$ s Ladezeit

Anlagenspezifische Kenngrößen:

- $p_2 = 207$ bar Maximaler Arbeitsdruck
- Über die Betriebstemperaturen sind keine Angaben gemacht.

Nebenbedingungen:

Allgemeine Bedingungen:

- $p_0/p_1 \leq 0,9$; $p_2/p_3 \leq 0,95$ Diese sind unabhängig vom Einsatzfall.

Anlagenspezifische Bedingung:

- $\Delta p \leq (\Delta p)_{zul} = 69$ bar

Extremalbedingungen:

- keine

Beispiel 5.2:

In einem Stadtlinienbus soll als Bremsenergiespeicher Hydrospeicher
eingesetzt werden. Die bei der Verzögerung des Busses aufzufangende
Bremsenergie beträgt ca. $W_{12} = 9,6.10^5$ J. Die zurückgewonnene Energie soll in der Beschleunigungsphase wieder verwendet werden. Die
Beschleunigungs- und Verzögerungsphasen dauern jeweils etwa
$\Delta t = 20$ s. Der maximale Betriebsdruck beträgt $p_3 = 330$ bar. Die Be-

triebstemperaturen sind Θ_{min} = -10 °C und Θ_{max} = 50 °C. Es soll die höchste Energiedichte angestrebt werden.

Aus den obigen Angaben läßt sich folgende Anforderungsliste aufstellen:

Bedarf:

- W_{12erf} = 9,6.10^5 J   Erforderliche Druckenergie
- $(\Delta t)_E$ = 20 s   Entladezeit
- $(\Delta t)_L$ = 20 s   Ladezeit

Anlagenspezifische Kenngrößen:

- p_3 = 330 bar   Maximaler Betriebsdruck
- Θ_{min} = -10 °C   Minimale Betriebstemperatur
- Θ_{max} = 50 °C   Maximale Betriebstemperatur

Nebenbedingungen:

Allgemeine Bedingungen:

- p_0/p_1 ≤ 0,9 ; p_2/p_3 ≤ 0,95   Unabhängig vom Einsatzfall

Anlagenspezifische Bedingung:

- keine

Extremalbedingung:

- $E_S \rightarrow E_{Smax}$ Es ist höchstmögliche Energiedichte gefordert

gegeben. m ist die Gasmasse, R die Gaskonstante. Für Stickstoff als
meistverwendeten Energieträger beträgt die Gaskonstante

$$R = 297 \frac{J}{kg\ K} \quad .$$

Die mit Arbeits- und/oder Wärmeaustausch verbundenen Vorgänge an der
Gasfüllung können mit einer isochoren (konstantes Volumen), isothermen
(konstante Temperatur), adiabaten (wärmedicht) oder polytropen (hier
zwischen adiabat und isotherm) Zustandsänderung beschrieben werden.

Bei einer isochoren Zustandsänderung tauscht die Gasfüllung nur Wärme
mit der Umgebung aus. Unter Umgebung ist beim Hydrospeicher das Trennglied, der Speicherbehälter, das Hydrauliköl zu verstehen. Eine isochore
Zustandsänderung liegt z. B. vor, wenn ein beim Hersteller bei niedriger
Temperatur vorgefüllter Hydrospeicher am Bestimmungsort durch Wärmeaustausch mit der Umgebung seinen Vorfülldruck ändert. Eine isochore Zustandsänderung liegt auch vor, wenn bei der Ladung des Hydrospeichers
die Temperatur der Gasfüllung steigt und nach der Ladung ein Temperaturausgleich mit der Umgebung erfolgt, ohne daß Ölvolumen ausgetauscht
wird. Bei einer isochoren Zustandsänderung wird der Zusammenhang zwischen den Zustandsgrößen Druck p und Temperatur T mit der Beziehung

$$\frac{p}{T} = \frac{p_1}{T_1} = const \tag{6.2}$$

beschrieben. Im p-V-Diagramm stellt sich eine Isochore als eine senkrechte Linie dar (Bild 6.1).

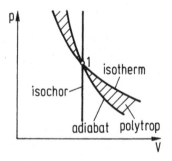

Bild 6.1. Zustandsänderungen im p-V-Diagramm

Eine isotherme Zustandsänderung tritt beim Hydrospeicher auf, wenn sich
der Lade- oder Entladevorgang über eine so lange Zeit erstreckt, daß zugleich ein vollständiger Wärmeaustausch mit der Umgebung erfolgt. Bei
dieser Zustandsänderung tauscht die Gasfüllung also Arbeit und Wärme mit
der Umgebung aus. Den Zusammenhang zwischen dem Druck p und dem Volumen
V beschreibt das Boyle-Mariotte'sche Gesetz

$$p\ V = p_1\ V_1 = const \quad . \tag{6.3}$$

6 Eigenschaften gasförmiger Energieträger

Die Gasfüllung im Hydrospeicher ist im thermodynamischen Sinne ein ge-
schlossenes (masseisoliertes) System, das mit seiner Umgebung Arbeit
und/oder Wärme austauschen kann. Wenn der Hydrospeicher Druckflüssig-
keit aufnimmt oder abgibt, so erfolgt an der Gasfüllung Arbeitsaustausch. Wenn die Gastemperatur von der Umgebungstemperatur abweicht, so
führt das zum Wärmeaustausch.

Wie sich der Energieträger bei einem solchen Arbeits- und/oder Wärmeaustausch verhält, d. h., welche Zusammenhänge zwischen den Austauschgrößen
und den Zustandsgrößen (Druck, Temperatur, Volumen) bestehen, ist Gegenstand dieses Kapitels. Es ist klar, daß das Verhalten der Gasfüllung neben den im vorigen Kapitel definierten Anforderungen in die Auslegung
eines Hydrospeichers eingeht.

Unter Voraussetzung eines idealen Gases lassen sich das Verhalten der
Gasfüllung anschaulich beschreiben und die interessierenden Beziehungen
analytisch ableiten. Deshalb wird im ersten Abschnitt die Gasfüllung zunächst unter Voraussetzung eines idealen Gases betrachtet. Wie bereits
in der Einleitung erwähnt, kann jedoch diese Voraussetzung beim Einsatz
des Hydrospeichers mit Stickstoffüllung vor allem bei hohen Drücken und
niedrigen Temperaturen nicht mehr aufrechterhalten werden, will man
nicht grobe Fehler in Kauf nehmen. Daher wird im zweiten Abschnitt eine
Betrachtung der Gasfüllung unter Berücksichtigung des realen Verhaltens
von Stickstoff vorgenommen.

6.1 Ideales Verhalten des Energieträgers

6.1.1 Zustandsgleichung und Zustandsänderungen

Der Zusammenhang zwischen den Zustandsgrößen der Gasfüllung, dem Druck
p, dem Volumen V und der Temperatur T, ist durch die thermische Zustandsgleichung für ideale Gase

$$p \, V = m \, R \, T \tag{6.1}$$

Im p-V-Diagramm ist eine Isotherme durch eine gleichseitige Hyperbel dargestellt (Bild 6.1).

Eine adiabate Zustandsänderung tritt beim Hydrospeicher auf, wenn der Lade- oder Entladevorgang in einer so kurzen Zeit erfolgt, daß kein Wärmeaustausch mit der Umgebung erfolgen kann. Es findet nur Arbeitsaustausch statt. Den Zusammenhang zwischen den Zustandsgrößen beschreiben die Beziehungen:

$$p \ V^\kappa = p_1 \ V_1^\kappa = \text{const} \ , \tag{6.4}$$

$$T \ V^{\kappa-1} = T_1 \ V_1^{\kappa-1} = \text{const} \ , \tag{6.5}$$

$$T \ p^{\frac{1-\kappa}{\kappa}} = T_1 \ p_1^{\frac{1-\kappa}{\kappa}} = \text{const} \ . \tag{6.6}$$

Im p-V-Diagramm haben die Adiabaten einen um κ-fach steileren Verlauf als die Isothermen (Bild 6.1).

κ ist der sog. Adiabatenexponent. Ein ideales Gas vorausgesetzt, hängt er von der Anzahl der Atome des Gases ab, und zwar gelten:

$\kappa = 1,67$ einatomiges Gas ,

$\kappa = 1,40$ zweiatomiges Gas ,

$\kappa = 1,30$ dreiatomiges Gas .

Mit steigender Atomzahl nähert sich κ dem Wert 1. Für Stickstoff beträgt der Adiabatenexponent $\kappa = 1,4$.

Beim Laden oder Entladen des Hydrospeichers erfolgt die Zustandsänderung nie vollständig isotherm oder adiabat, d. h. weder tauscht die Gasfüllung die Wärme vollständig aus, noch ist sie vollständig wärmedicht. Bei dieser hier als polytrop bezeichneten Zustandsänderung gibt es deshalb neben dem Arbeitsaustausch stets mehr oder weniger Wärmeaustausch. Für die Zustandsgrößen bestehen analog dem adiabaten Fall die Beziehungen:

$$p \ V^n = p_1 \ V_1^n = \text{const} \ , \tag{6.7}$$

$$T \ V^{n-1} = T_1 \ V_1^{n-1} = \text{const} \ , \tag{6.8}$$

$$T \ p^{\frac{1-n}{n}} = T_1 \ p_1^{\frac{1-n}{n}} = \text{const} \ . \tag{6.9}$$

n ist der sog. Polytropenexponent. Bei Annäherung an den isothermen Fall geht er gegen den Wert 1, bei Annäherung an den adiabaten Fall gegen κ . Im p-V-Diagramm liegen die hier als polytrop bezeichneten Zustandsänderungen zwischen Isothermen und Adiabaten (Bild 6.1).

In den bisherigen Ausführungen über die Zustandsänderungen wurde ein
Problem nicht genannt. Bei einer isochoren Zustandsänderung wurde davon
ausgegangen, daß durch Wärmeaustausch die Gastemperatur nach hinreichend
langer Zeit die Betriebstemperatur annimmt. Wenn jedoch die Zeit für den
isochoren Wärmeaustausch nicht hinreichend lang ist, besteht keine Information über die Endtemperatur der Gasfüllung, so daß man Beziehung
(6.2) nicht verwenden kann. Genauso wurde zwar bei den mit Volumenänderung verbundenen Zustandsänderungen zwischen einer isothermen, adiabaten
und polytropen Art unterschieden, jedoch gar nichts darüber gesagt, unter welchen Bedingungen welche Zustandsänderungen vorauszusetzen sind.
Eine in der Hydraulik übliche Daumenregel besagt, daß bei einem Lade-
oder Entladevorgang unter 1 Minute die Zustandsänderung der Gasfüllung
als adiabat, über 3 Minuten als isotherm und zwischen 1 und 3 Minuten
als polytrop zu bezeichnen sei. Diese Daumenregel stellt eine sehr un-
sichere Aussage dar. Um eine genauere Aussage zu treffen, ob beim isochoren Wärmeaustausch die Temperatur der Gasfüllung hinreichend nahe die
Betriebstemperatur erreicht hat oder ob eine mit Volumenänderung verbun-
dene Zustandsänderung isotherm, adiabat oder polytrop ist, muß die Dauer
der jeweiligen Zustandsänderung mit der sog. thermischen Zeitkonstante
des Hydrospeichers verglichen werden. Diese Zeitkonstante, die bei der
Modellierung des Hydrospeichers im Kapitel 8 näher erläutert wird, hängt
von der Speichergröße, dem Druck, der Bauart und dem Wärmeübergangskoeffizienten an der Systemgrenze der Gasfüllung ab.

Der Vergleich der Dauer der Zustandsänderung mit der thermischen Zeitkonstante erlaubt folgende Schlüsse:

Beim isochoren Wärmeaustausch:

Ist die Dauer des Austausches wesentlich kleiner als die thermische
Zeitkonstante, so ändert sich bei dem Austausch die Gastemperatur sehr
wenig ($T_{Ende} \cong T_{Anfang}$). Ist sie wesentlich größer, so hat sich die Gastemperatur nach dem Austausch der Betriebstemperatur Θ nahezu angepaßt
($T_{Ende} \cong \Theta$).

Bei Zustandsänderungen mit Volumenänderung:

Ist die Dauer des Austausches wesentlich kleiner als die thermische
Zeitkonstante, so handelt es sich näherungsweise um eine adiabate, ist
sie wesentlich größer, um eine isotherme Zustandsänderung.

6.1.2 Arbeitsaustausch

Wie sich die Zustandsgrößen der Gasfüllung beim Arbeitsaustausch verhalten, ist Gegenstand dieses Abschnitts. Zunächst werden die Zustandsgrö-

ßen der Gasfüllung bei Ölaustausch betrachtet, weil für viele Anwendungsfälle die dabei geleistete Arbeit gar nicht interessiert. Dann erfolgt die Betrachtung beim eigentlichen Arbeitsaustausch, wobei die umgesetzte Arbeit auch als Energiekapazität bezeichnet wird.

Nach einer in der Thermodynamik üblichen Vereinbarung hat die von der Gasfüllung abgegebene Arbeit positives und von ihr aufgenommene Arbeit negatives Vorzeichen. Hingegen hat die abgegebene Wärme ein negatives und die aufgenommene Wärme ein positives Vorzeichen (Bild 6.2).

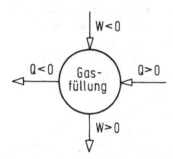

Bild 6.2. Vorzeichenvereinbarung beim Arbeits- und Wärmeaustausch

6.1.2.1 Zustandsgrößen beim Ölaustausch

Setzt man bei einer Zustandsänderung das Hydrauliköl als inkompressibel, eine Volumenänderung des Speicherbehälters und des Trennglieds als vernachlässigbar klein voraus, so entspricht das vom Hydrospeicher ausgetauschte Öl ΔV der Differenz der Volumina beim Anfangs- und Endzustand (Bild 6.3):

$$\Delta V = V_2 - V_1 \qquad \text{bei Kompression (Ölaufnahme)} , \qquad (6.10)$$

$$\Delta V = V_1 - V_2 \qquad \text{bei Expansion (Ölabgabe)} , \qquad (6.11)$$

wobei Index 1 stellvertretend für den Zustandspunkt mit kleinerem Druck sei. Das abgegebene Öl hat ein positives und das aufgenommene Öl ein negatives Vorzeichen.

Für eine Kompression aus dem Anfangszustand p_1, V_1 auf den Druck p_2 folgt aus (6.10) mit Hilfe der Polytropengleichung (6.7)

$$\Delta V = V_1 \left[1 - \left(\frac{p_1}{p_2} \right)^{\frac{1}{n}} \right] . \qquad (6.12)$$

Für eine Expansion aus dem Anfangszustand p_2, V_2 auf den Druck p_1 folgt analog

$$\Delta V = V_2 \left[1 - \left(\frac{p_2}{p_1} \right)^{\frac{1}{n}} \right] . \qquad (6.13)$$

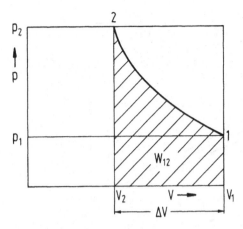

Bild 6.3. Zustands- und
Austauschgrößen im p-V-Diagramm

In den Beziehungen (6.12), (6.13) steht jeweils auf der linken Seite das
ausgetauschte Ölvolumen ΔV. Das ist jedoch nicht so zu verstehen, daß
neben den bekannten Anfangswerten für den Druck und das Volumen stets
der Enddruck vorgegeben ist und das ausgetauschte Ölvolumen ΔV die Un-
kannte ist. Genausogut kann neben den Anfangswerten das ausgetauschte
Ölvolumen vorgegeben sein und nach dem Enddruck gefragt werden. Bei einer Expansion z. B. hätte dann die Beziehung (6.13) folgende Form:

$$p_1 = p_2 \left(1 - \frac{\Delta V}{V_2} \right)^{-n} .$$

Auch die weiteren Zusammenhänge zwischen den Austausch- und Zustandsgrößen sind jeweils nach den Austauschgrößen formuliert, und es gilt auch
für sie das oben Gesagte.

Obwohl der Zusammenhang zwischen dem ausgetauschten Öl und den Zustandsgrößen mit den Beziehungen (6.12), (6.13) bereits angegeben wurde, seien
im Hinblick auf eine einheitliche Darstellung des idealen und realen
Gasverhaltens dimensionslose Größen, sog. Volumenfaktoren, eingeführt.

Bezieht man das Ölvolumen ΔV auf das Volumen des Gases beim Anfangszustand, so entstehen die Volumenfaktoren der Kompression und der Expansion:

$$\nu_K = \frac{\Delta V}{V_1} = 1 - \left(\frac{p_1}{p_2} \right)^{\frac{1}{n}} \qquad \text{Volumenfaktor der Kompression,} \qquad (6.14)$$

$$\nu_E = \frac{\Delta V}{V_2} = 1 - \left(\frac{p_2}{p_1} \right)^{\frac{1}{n}} \qquad \text{Volumenfaktor der Expansion .} \qquad (6.15)$$

In den obigen Beziehungen wird man je nach Art der Zustandsänderung
(adiabat, isotherm oder polytrop) für n die Werte κ, 1 oder einen Zwischenwert einsetzen. Im Bild 6.4 und Bild 6.5 sind die Beziehungen
(6.14) und (6.15) in Abhängigkeit vom Druckverhältnis p_1/p_2 dargestellt.

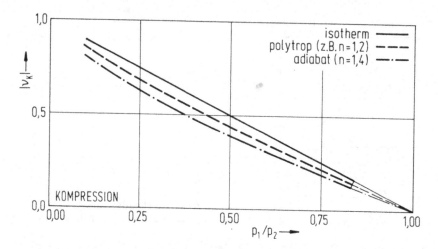

Bild 6.4. Volumenfaktor der Kompression

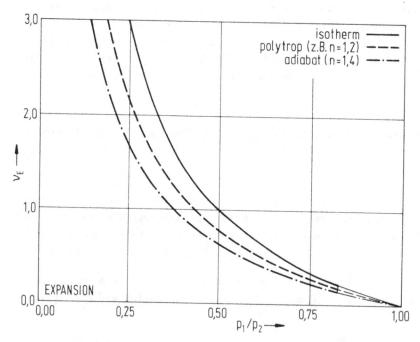

Bild 6.5. Volumenfaktor der Expansion

Die Anwendung dieser Bilder sei an zwei Beispielen erläutert:

Beispiel 6.1:

Die Gasfüllung werde aus dem Anfangszustand p_1 = 50 bar, V_1 = 20 1 auf den Druck p_2 = 200 bar adiabat komprimiert. Welches Ölvolumen ΔV wird dabei vom Hydrospeicher aufgenommen?

Aus Bild 6.4 folgt für das Druckverhältnis $p_1/p_2 = 0,25$ für den Volumenfaktor der Kompression

$$\nu_K = -0,63$$

und damit beträgt das Ölvolumen nach Beziehung (6.14)

$$\Delta V = \nu_K \, V_1 = -12,6 \; 1 \; .$$

Beispiel 6.2:

Die Gasfüllung werde aus dem Anfangszustand $p_2 = 100$ bar, $V_2 = 50$ 1 auf den Druck $p_1 = 50$ bar polytrop (z. B. n = 1,2) expandiert. Welches Ölvolumen wird dabei vom Hydrospeicher abgegeben?

Aus Bild 6.5 folgt für das Druckverhältnis $p_1/p_2 = 0,5$ für den Volumenfaktor der Expansion

$$\nu_E = 0,78$$

und damit beträgt das abgegebene Ölvolumen nach Beziehung (6.15)

$$\Delta V = \nu_E \, V_2 = 39 \; 1 \; .$$

6.1.2.2 Zustandsgrößen beim eigentlichen Arbeitsaustausch

Die Arbeit, die bei einer durch Volumenänderung der Gasfüllung verbundenen Zustandsänderung ausgetauscht wird, ist allgemein mit dem Integral

$$W = \int p \; dV \tag{6.16}$$

zwischen dem Anfangs- und Endzustand zu ermitteln.

Für die Arbeit bei einer Kompression aus dem Anfangszustand p_1, V_1 auf p_2 folgen aus dem Integral (6.16) mit Hilfe der Polytropengleichung (6.7) oder der Beziehung (6.3) im isothermen Fall

$$W_{12} = \frac{p_1 V_1}{n-1} \left[1 - \left(\frac{p_1}{p_2} \right)^{\frac{1-n}{n}} \right] \quad \text{adiabat } (n = \kappa), \text{ polytrop} \; , \tag{6.17}$$

$$W_{12} = p_1 V_1 \ln\left(\frac{p_1}{p_2} \right) \quad \text{isotherm} \; . \tag{6.18}$$

Analog gelten für die Expansion der Gasfüllung aus dem Anfangszustand p_2, V_2 auf den Druck p_1

$$W_{21} = \frac{p_2 V_2}{n-1} \left[1 - \left(\frac{p_1}{p_2} \right)^{\frac{n-1}{n}} \right] \quad \text{adiabat } (n = \kappa), \text{ polytrop} \; , \tag{6.19}$$

$$W_{21} = p_2 V_2 \ln\left(\frac{p_2}{p_1} \right) \quad \text{isotherm} \; . \tag{6.20}$$

Obwohl der Zusammenhang zwischen der ausgetauschten Arbeit und den Zustandsgrößen mit den Beziehungen (6.17) bis (6.20) bereits angegeben
wurde, seien wie im Falle des Ölvolumens im Hinblick auf eine einheitliche Darstellung des idealen und realen Gasverhaltens dimensionslose Größen, sog. Kapazitätsfaktoren, eingeführt. Der Kapazitätsfaktor ist definiert als das Verhältnis der Arbeit zum Druck-Volumen-Produkt des An-
fangszustandes der Zustandsänderung (Bild 6.6).

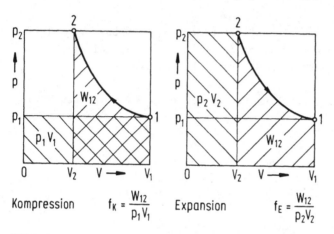

Bild 6.6. Zur Definition des Kapazitätsfaktors

Der Kapazitätsfaktor der Kompression f_K lautet dann:

$$f_K = \frac{W_{12}}{p_1 V_1} = \frac{1}{n-1}\left[1 - \left(\frac{p_1}{p_2}\right)^{\frac{1-n}{n}}\right] \quad \text{adiabat } (n=\kappa), \text{ polytrop}, \quad (6.21)$$

$$f_K = \frac{W_{12}}{p_1 V_1} = \ln\left(\frac{p_1}{p_2}\right) \quad\quad\quad \text{isotherm}, \quad\quad\quad (6.22)$$

und der Kapazitätsfaktor der Expansion f_E:

$$f_E = \frac{W_{21}}{p_2 V_2} = \frac{1}{n-1}\left[1 - \left(\frac{p_1}{p_2}\right)^{\frac{n-1}{n}}\right] \quad \text{adiabat } (n=\kappa), \text{ polytrop}, \quad (6.23)$$

$$f_E = \frac{W_{21}}{p_2 V_2} = \ln\left(\frac{p_2}{p_1}\right) \quad\quad\quad \text{isotherm}. \quad\quad\quad (6.24)$$

Im Bild 6.7 bzw. Bild 6.8 sind die Kapazitätsfaktoren der Kompression f_K
(Beziehungen (6.21), (6.22)) bzw. der Expansion f_E (Beziehungen (6.23),
(6.24)) dargestellt. Man stellt fest, daß unter Voraussetzung des gleichen Druckverhältnisses bei einer isothermen Zustandsänderung mehr Arbeit ausgetauscht wird als bei der adiabaten. Des weiteren ist festzuhalten, daß bei Voraussetzung der Art der Zustandsänderung (isotherm, adiabat oder polytrop) der Kapazitätsfaktor nur vom Druckverhältnis abhängt.

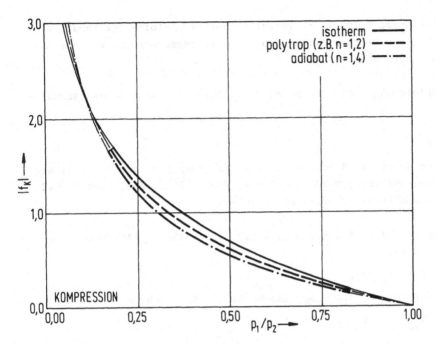

Bild 6.7. Kapazitätsfaktor der Kompression

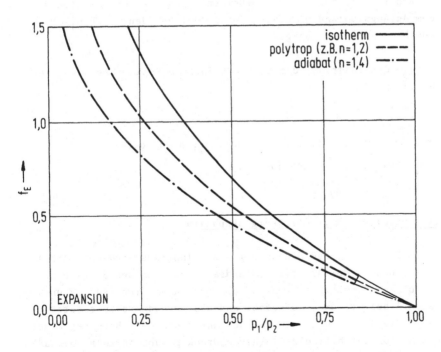

Bild 6.8. Kapazitätsfaktor der Expansion

Demgegenüber wird beim realen Verhalten des Stickstoffs der Kapazitätsfaktor neben dem Druckverhältnis auch vom Anfangsdruck und von der Anfangstemperatur abhängen.

Zwei Beispiele mögen die Anwendung der Bilder 6.7 und 6.8 veranschaulichen:

Beispiel 6.3:

　　Welche Arbeit wird bei einer adiabaten Kompression der Gasfüllung
　　aus dem Anfangszustand $p_1 = 10$ bar, $V_1 = 20$ 1 auf den Druck $p_2 = 40$
　　bar vom Hydrospeicher aufgenommen?

　　Mit $p_1/p_2 = 0,25$ folgt aus Bild 6.7 für den Kapazitätsfaktor der
　　Kompression

$$f_K = -1,22 \ .$$

　　Damit folgt für die aufgenommene Arbeit W_{12} nach (6.21) :

$$W_{12} = f_K \, V_1 \, p_1 = -2,44 . 10^4 \ J \ .$$

Beispiel 6.4:

　　Welche Arbeit wird bei einer isothermen Expansion der Gasfüllung
　　aus dem Anfangszustand $p_2 = 50$ bar, $V_2 = 10$ 1 auf den Druck $p_1 = 25$
　　bar vom Hydrospeicher abgegeben?

　　Mit $p_1/p_2 = 0,5$ folgt aus dem Bild 6.8 für den Kapazitätsfaktor der
　　Expansion f_E

$$f_E = 0,69 \ .$$

　　Damit folgt für die abgegebene Arbeit W_{21} nach (6.24) :

$$W_{21} = f_E \, V_2 \, p_2 = 3,45 . 10^4 \ J \ .$$

6.1.2.3 Extremaleigenschaft der Energiekapazität

Beziehung (6.17) besagt, daß die an der Gasfüllung ausgetauschte Arbeit
W_{12} bei Voraussetzung der Art der Zustandsänderung von den Drücken p_1,
p_2 und vom Volumen V_1 abhängt. Wenn p_2 als maximaler Arbeitsdruck und V_1
als maximales Arbeitsvolumen aufgefaßt und als gegeben vorausgesetzt
werden, hängt die Arbeit W_{12} auch von dem unter dem Gesichtspunkt einer
hohen Energiekapazität beliebig wählbaren Druck p_1 ab und zwar so, daß
W_{12} in Abhängigkeit von p_1 ein Maximum durchläuft. Man kann auch sagen,

daß die Energiekapazität eines mit seinem maximalen Druck und effektiven Gasvolumen gegebenen Hydrospeichers in Abhängigkeit vom Vorfülldruck ein Maximum aufweist.

Diese Extremaleigenschaft der Energiekapazität läßt sich auch in einem p-V-Diagramm erkennen. Bild 6.9 zeigt, daß Hyperbeln

$$p = \frac{K}{V} \quad \text{mit} \quad K = p_1 V_1$$

mit monoton wachsenden Konstanten K (d. h. wachsender p_1, da V_1 gegeben ist) bei der Integration zwischen den Grenzen p_2 und V_1 keinen monoton steigenden Wert liefern, sondern bei einem Zwischenwert der Konstante K ein Maximum ergeben.

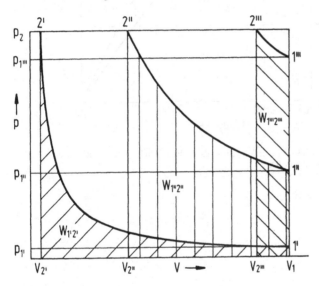

Bild 6.9. Graphische Deutung der Extremaleigenschaft der Energie-kapazität

Setzt man den maximalen Arbeitsdruck p_2 und das maximale Arbeitsvolumen V_1 als gegeben voraus, dann kann man die Arbeit W_{12} nach Beziehung (6.17) bzw. (6.18) auf das Druck-Volumen-Produkt $p_2 V_1$ beziehen:

$$\frac{W_{12}}{p_2 V_1} = \frac{1}{n-1} \frac{p_1}{p_2} \left[1 - \left(\frac{p_1}{p_2} \right)^{\frac{1-n}{n}} \right] \quad \text{adiabat } (n = \kappa), \text{ polytrop },$$

$$\frac{W_{12}}{p_2 V_1} = \frac{p_1}{p_2} \ln\left(\frac{p_1}{p_2} \right) \quad \text{isotherm .}$$

Diese dimensionslosen Größen, die nur noch vom Arbeitsdruckverhältnis p_1/p_2 abhängen, sind im Bild 6.10 dargestellt.

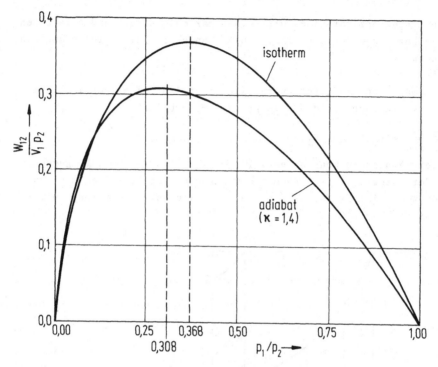

Bild 6.10. Verlauf der auf das Produkt aus dem maximalen Druck und Volumen bezogenen Energiekapazität

Aus der Bedingung

$$\frac{\partial\left(\dfrac{W_{12}}{p_2\,V_1}\right)}{\partial\left(\dfrac{p_1}{p_2}\right)} = 0$$

folgen für die Stützstellen des Kapazitätsmaximums:

$$\frac{p_1}{p_2} = n^{\frac{n}{1-n}} \qquad \text{adiabat } (n = \kappa)\text{, polytrop ,} \qquad (6.25)$$

$$\frac{p_1}{p_2} = \frac{1}{e} \qquad \text{isotherm } (e = 2{,}718) \ . \qquad (6.26)$$

Für Stickstoff ($\kappa = 1{,}4$) folgen aus diesen Beziehungen die Werte:

$$\frac{p_1}{p_2} = 0{,}308 \qquad \text{adiabat ,}$$

$$\frac{p_1}{p_2} = 0{,}368 \qquad \text{isotherm .}$$

Die maximalen Energiekapazitäten ergeben sich durch den Einsatz der Beziehungen (6.25) bzw. (6.26) in die Beziehungen (6.17) bzw. (6.18) zu:

$$W_{12max} = n^{\frac{n}{1-n}} \, p_2 \, V_1 \qquad \text{adiabat } (n = \kappa), \text{ polytrop ,} \qquad (6.27)$$

$$W_{12max} = \frac{1}{e} \, p_2 \, V_1 \qquad \text{isotherm .} \qquad (6.28)$$

Daraus folgt für Stickstoff:

$$W_{12max} = 0,308 \, p_2 \, V_1 \qquad \text{adiabat ,} \qquad (6.29)$$

$$W_{12max} = 0,368 \, p_2 \, V_1 \qquad \text{isotherm .} \qquad (6.30)$$

Diese Werte besagen, daß man in einem Hydrospeicher im adiabaten Fall höchstens ca. 31 % bzw. im isothermen Fall höchstens ca. 37 % des Produkts aus dem maximalen Druck und Volumen speichern kann. Ein Zahlenbeispiel möge dies veranschaulichen:

Beispiel 6.5:

Welche Energie kann man in einem Hydrospeicher mit einem maximalen Betriebsdruck $p_2 = 50$ bar und einem maximalen Arbeitsvolumen $V_1 = 10\,l$ im adiabaten Fall höchstens speichern?

Nach Beziehung (6.29) beträgt die maximale Energie:

$$W_{12max} = 0,308 \cdot 50 \cdot 10^5 \cdot 0,01 = 1,54 \cdot 10^4 \, J \, .$$

6.1.3 Wärmeaustausch

Mit Ausnahme der adiabaten Zustandsänderung tauscht die Gasfüllung bei allen anderen Zustandsänderungen Wärme mit der Umgebung aus. Unter Umgebung ist beim Hydrospeicher wie bereits erwähnt das Trennglied, der Speicherbehälter oder das Hydrauliköl zu verstehen.

Bei isochorer Zustandsänderung ist die ausgetauschte Wärme über die folgenden Beziehungen gegeben (s. Bild 6.11):

$$Q_{21} = m \, c_v \, (T_1 - T_2) = \frac{1}{\kappa - 1} \, V \, (p_1 - p_2) \qquad \text{bei Wärmeabgabe ,} \qquad (6.31)$$

$$Q_{12} = m \, c_v \, (T_2 - T_1) = \frac{1}{\kappa - 1} \, V \, (p_2 - p_1) \qquad \text{bei Wärmeaufnahme .} \qquad (6.32)$$

Index 1 kennzeichnet den Zustandspunkt mit kleinerem Druck oder kleinerer Temperatur. Die abgegebene Wärme hat ein negatives und die aufgenommene Wärme ein positives Vorzeichen. Es sind m die Gasmasse, c_v die spezifische Wärmekapazität bei konstantem Volumen und κ der Adiabatenexponent. Für Stickstoff beträgt

$$c_v = 742 \, \frac{J}{kg \cdot K} \quad .$$

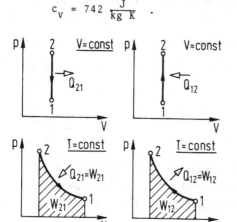

Bild 6.11. Wärmeaustausch der Gasfüllung bei isochorer (V = const) und isothermer (T = const) Zustandsänderung

Bei einer isothermen Zustandsänderung wird gemäß dem 1. Hauptsatz der Thermodynamik eine der Arbeit im Betrag äquivalente Wärme mit der Umgebung ausgetauscht [78, S.96]. Bei einer isothermen Kompression gibt die Gasfüllung Wärme ab, und bei einer isothermen Expansion nimmt sie Wärme auf (Bild 6.11). Es bestehen die Beziehungen:

$$Q_{12} = W_{12} = p_1 \, V_1 \, \ln\left(\frac{p_1}{p_2}\right) \quad \text{bei Kompression ,} \qquad (6.33)$$

$$Q_{21} = W_{21} = p_2 \, V_2 \, \ln\left(\frac{p_2}{p_1}\right) \quad \text{bei Expansion .} \qquad (6.34)$$

Bei einer polytropen Zustandsänderung gilt zwischen der ausgetauschten Arbeit und Wärme die Beziehung:

$$\frac{Q_{12}}{W_{12}} = \frac{Q_{21}}{W_{21}} = \frac{\kappa - n}{\kappa - 1} \qquad (6.35)$$

Für die isotherme Zustandsänderung (n = 1) als ein Sonderfall folgt daraus die bereits angegebene Beziehung (6.33) bzw. (6.34). Für die adiabate Zustandsänderung (n = κ) folgt daraus, daß $Q_{12} = Q_{21} = 0$ ist. Für $1 < n < \kappa$ besteht die Ungleichung:

$$|Q| < |W|$$

Aus Beziehung (6.35) folgt durch Verwendung der Beziehung (6.17) die bei einer Kompression abgegebene Wärme:

$$Q_{12} = \frac{\kappa - n}{\kappa - 1} \, \frac{p_1 \, V_1}{n - 1} \left[1 - \left(\frac{p_1}{p_2}\right)^{\frac{1-n}{n}} \right] \qquad (6.36)$$

und für die bei einer Expansion aufgenommene Wärme folgt analog

$$Q_{21} = \frac{\kappa - n}{\kappa - 1} \frac{p_2 \, V_2}{n - 1} \left[1 - \left(\frac{p_1}{p_2} \right)^{\frac{n-1}{n}} \right] \; . \tag{6.37}$$

Ein praktisch wichtiger Fall beim Einsatz von Hydrospeichern ist der Druckabfall infolge einer vollständigen, isochoren Wärmeabgabe an die Umgebung nach einer adiabaten bzw. polytropen Kompression von p_1 auf p_2 (Bild 6.12). Bei diesem Vorgang fällt der Druck um Δp von p_2 auf p_2' zurück. Dieser Druckabfall berechnet sich zu:

$$\Delta p = p_2 \left[1 - \left(\frac{p_1}{p_2} \right)^{\frac{n-1}{n}} \right] \; . \tag{6.38}$$

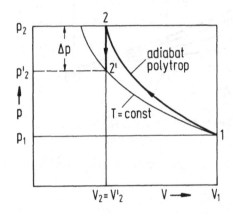

Bild 6.12. Druckabfall infolge isochorer Abkühlung nach einer adiabaten bzw. polytropen Kompression

Im Bild 6.13 ist der Druckabfall bezogen auf den Kompressionsenddruck p_2 dargestellt. Im folgenden ist ein Zahlenbeispiel zur Anwendung dieses Bildes angegeben:

Beispiel 6.6:

Welchen Enddruck p_2' hat die Gasfüllung nach vollständigem Wärmeaustausch, wenn sie vorher von $p_1 = 20$ bar auf $p_2 = 50$ bar adiabat komprimiert wurde?

Für das Druckverhältnis $p_1/p_2 = 0,4$ folgt aus dem Bild 6.13 der relative Druckabfall für $n = 1,4$

$$\frac{\Delta p}{p_2} = 0,23 \; .$$

Damit betragen

$$\Delta p = 11,5 \text{ bar },$$

$$p_{2'} = p_2 - \Delta p = 38,5 \text{ bar }.$$

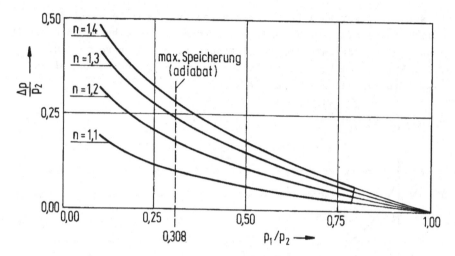

Bild 6.13. Auf den Kompressionsenddruck bezogener Druckabfall nach einer adiabaten bzw. polytropen Kompression

6.2 Reales Verhalten des Energieträgers

6.2.1 Einblick in die Abweichungen der Zustandsgrößen

Die thermische Zustandsgleichung für ideale Gase

$$p \, v_o = R \, T \qquad \text{mit} \quad v_o = \frac{V}{m} \tag{6.39}$$

beschreibt das reale Verhalten eines Gases vor allem bei hohen Drücken und tiefen Temperaturen nicht mehr hinreichend genau. Die Abweichung des realen Gases vom idealen Verhalten wird in der Thermodynamik mit dem sog. Realgasfaktor z (auch Realfaktor genannt) charakterisiert. Der Realgasfaktor ist als das Verhältnis des realen spezifischen Volumens zum idealen spezifischen Volumen definiert

$$z = \frac{v}{v_o} = v \, \frac{p}{R \, T} \tag{6.40}$$

und stellt deshalb ein Maß dafür dar, wieweit das reale Gas vom idealen Verhalten abweicht.

Im Bild 6.14 sind in einem p-T-Diagramm Linien konstanter z-Werte für
Stickstoff in einem Druckbereich p = 0...600 bar und einem Temperaturbereich von T = 200...600 K (-73...+327 °C) eingezeichnet. Um ein Beispiel
herauszugreifen: Bei p = 500 bar und T = 300 K (27 °C) hat der Stickstoff
ein um knapp 40 % größeres spezifisches Volumen als das spezifische Volumen, das mit Hilfe der thermischen Zustandsgleichung für ideale Gase
(6.39) berechnet wird.

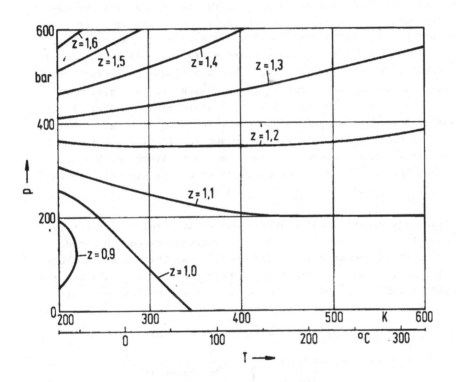

Bild 6.14. Einblick in das reale Verhalten von Stickstoff

Aus Bild 6.14 kann man entnehmen, daß vor allem bei höheren Drücken und
tieferen Temperaturen große Abweichungen gegenüber dem idealen Fall auftreten. Im Grunde genommen kann nur bei niedrigen Drücken und höheren
Temperaturen mit der Zustandsgleichung für ideale Gase gearbeitet werden. Da jedoch die Drücke in der Ölhydraulik immer höher gestiegen sind,
empfiehlt es sich, die Gasfüllung generell unter Berücksichtigung des
Realgasverhaltens von Stickstoff zu betrachten.

6.2.2 Vorgehensweise bei der Behandlung des realen Verhaltens

Das reale Verhalten von Stickstoff als Energieträger interessiert weniger in Bezug auf die auftretenden Abweichungen bestimmter Zustandsgrößen, vielmehr will man wie im idealen Fall wissen, welche Zusammenhänge
zwischen den Austausch- und Zustandsgrößen bestehen.

Zur Ermittlung dieser Zusammenhänge benötigt man zunächst Informationen
über thermische und kalorische Zustandsgrößen von Stickstoff im realen
Fall. Zum einen kann man sich für diese Informationen analytischer Beziehungen bedienen. So verwendet man für thermische Zustandsgrößen eine
für Stickstoff und für den Druck- und Temperaturbereich geeignete Real-
gasgleichung (Otis [29] verwendet die Beattie-Bridgman-Gleichung, Schulz
[39] die Benedict-Webb-Rubin-Gleichung). Für kalorische Zustandsgrößen
kann man eine für reale Gase formulierte kalorische Zustandsgleichung
heranziehen. Zum anderen kann man sich tabellarischer Daten über thermische und kalorische Zustandsgrößen bedienen. In der einschlägigen Literatur [83] gibt es über Stickstoff sehr genaue tabellarische Daten, deren Genauigkeit im interessierenden Druck- und Temperaturbereich höher
als 0,01 % beträgt. In den weiteren Ausführungen dieses Kapitels und im
Kapitel 7 wird die zweite Möglichkeit ausgenutzt.

Die Ermittlung der ausgetauschten Arbeit und Wärme erfolgt über den 1.
und 2. Hauptsatz der Thermodynamik für geschlossene Systeme. Da in der
Datenbank Druck p, Temperatur T und das spezifische Volumen v als thermische sowie spezifische Entropie s, spezifische Enthalpie h als kalorische Zustandsgrößen zur Verfügung stehen, werden die beiden Hauptsätze
in folgender Form verwendet:

$$q_{12} = h_2 - h_1 + w_{12} - (p_2 \, v_2 - p_1 \, v_1) \qquad \text{1. Hauptsatz ,} \qquad (6.41)$$

$$q_{12} = T \, (s_2 - s_1) \qquad \text{isotherm} \left.\vphantom{\begin{matrix}a\\b\end{matrix}}\right\} \qquad (6.42)$$

$$\phantom{q_{12} =} \text{2. Hauptsatz .}$$

$$s_1 = s_2 \qquad \text{isentrop} \qquad (6.43)$$

Dabei sind q_{12} und w_{12} die pro Masseneinheit ausgetauschte Wärme bzw.
Arbeit. Bei der Betrachtung des Realgasverhaltens wird anstelle adiabat
das Adjektiv "isentrop" ("reversibel adiabat") benutzt.

Die spezifische und deshalb dimensionsbehaftete Form der Arbeit in den
obigen Beziehungen ist für eine einheitliche Darstellung der Ergebnisse
des idealen und realen Verhaltens nicht geeignet. Hierfür bieten sich
die bereits im idealen Fall eingeführten Volumenfaktoren (beim Ölaustausch) und Kapazitätsfaktoren (beim eigentlichen Arbeitsaustausch) als
dimensionslose Größen an. Sie sind im realen Fall wie folgt definiert

und mit den Beziehungen des idealen Falles verknüpft:

$$v_K = \frac{v_2 - v_1}{v_1} = \frac{V_2 - V_1}{V_1} = \frac{\Delta V}{V_1} \qquad \left.\begin{array}{c} \\ \\ \end{array}\right\} \qquad \text{bei Kompression} \qquad (6.44)$$

$$f_K = \frac{w_{12}}{p_1 v_1} = \frac{W_{12}}{p_1 V_1} \qquad (6.45)$$

$$v_E = \frac{v_1 - v_2}{v_2} = \frac{V_1 - V_2}{V_2} = \frac{\Delta V}{V_2} \qquad \left.\begin{array}{c} \\ \\ \end{array}\right\} \qquad \text{bei Expansion} \qquad (6.46)$$

$$f_E = \frac{w_{21}}{p_2 v_2} = \frac{W_{21}}{p_2 V_2} \qquad (6.47)$$

Auf der rechten Seite der obigen Beziehungen sind die entsprechenden Formulierungen für den idealen Fall angegeben, so daß man daraus das extensive Ölvolumen oder die extensive Arbeit berechnen kann, wenn die Volumen- und Kapazitätsfaktoren des realen Falls bekannt sind.

Damit ist die Vorgehensweise zur Ermittlung der Zusammenhänge zwischen den Austausch- und Zustandsgrößen skizziert. Die im folgenden angegebenen Ergebnisse beschränken sich beim Arbeitsaustausch nur auf die isotherme und isentrope Zustandsänderung und beim Wärmeaustausch auf den isochoren Fall.

6.2.3 Arbeitsaustausch

6.2.3.1 Isotherme Zustandsänderung

Bei einer isothermen Zustandsänderung interessieren die Volumen- und Kapazitätsfaktoren der Kompression und Expansion. Wenn sie bekannt sind, lassen sich aus den Beziehungen (6.44) bis (6.47) das Ölvolumen oder die Arbeit berechnen.

Im idealen Fall wurde darauf hingewiesen, daß die Volumen- und Kapazitätsfaktoren bei Voraussetzung der Art der Zustandsänderung (isotherm, isentrop) nur vom Druckverhältnis abhängen. Im realen Fall reicht das nicht aus, wie im Bild 6.15 am Beispiel einer Expansion deutlich wird. In diesem Bild ist der Einfluß einer realen Zustandsänderung auf das Ölvolumen ΔV und die Arbeit W_{21} im Vergleich zum idealen Fall dargestellt. Ausgehend vom Anfangszustand p_2, V_2 verläuft die reale Expansion steiler als die ideale. Wenn man den gleichen Enddruck p_1 und damit das gleiche Druckverhältnis p_1/p_2 voraussetzt, so weichen das abgegebene Öl und die abgegebene Arbeit von denen des idealen Falls ab. Gleiches Druckverhältnis vorausgesetzt, können diese Abweichungen für verschiedene Anfangsdrücke und -temperaturen unterschiedlich sein. Deshalb bietet sich an, den Volumen- und Kapazitätsfaktor in Abhängigkeit vom Druckverhältnis für unterschiedliche Anfangsdrücke und -temperaturen mit geeigneten Abstufungen zu ermitteln.

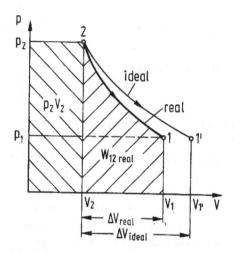

Bild 6.15. Vergleich der idealen und realen Zustandsänderung am Beispiel einer Expansion

Die Ergebnisse im folgenden sind analog zum idealen Fall einmal für eine Kompression und einmal für eine Expansion im Bereich p = 20...600 bar und T = 200...400 K angegeben. Für eine isotherme Kompression sind die Volumen- und Kapazitätsfaktoren ν_K und f_K in den in folgender Aufstellung angegebenen Bildern dargestellt:

Anfangstemperatur	Volumenfaktor ν_K	Kapazitätsfaktor f_K
200 K (-73 °C)	Bild 6.16 A	Bild 6.16 B
300 K (27 °C)	Bild 6.17 A	Bild 6.17 B
400 K (127 °C)	Bild 6.18 A	Bild 6.18 B

In jedem Bild sind die Verläufe vom Volumen- und Kapazitätsfaktor in Abhängigkeit vom Druckverhältnis p_1/p_2 für geeignete Anfangsdrücke veranschaulicht. Auch der Verlauf für den idealen Fall ist in jedem Bild angegeben.

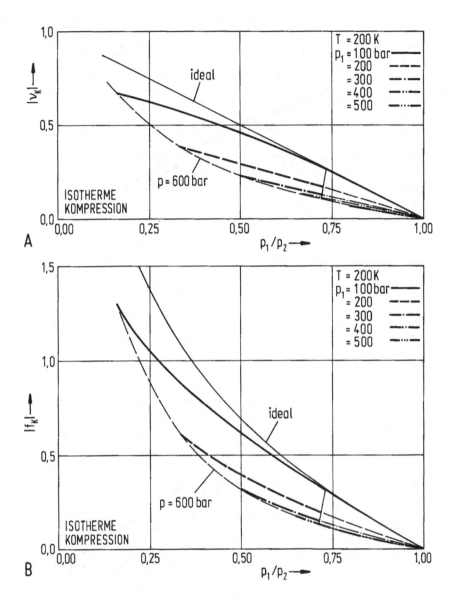

Bild 6.16. Volumen- und Kapazitätsfaktor bei isothermer Kompression (T = 200 K)

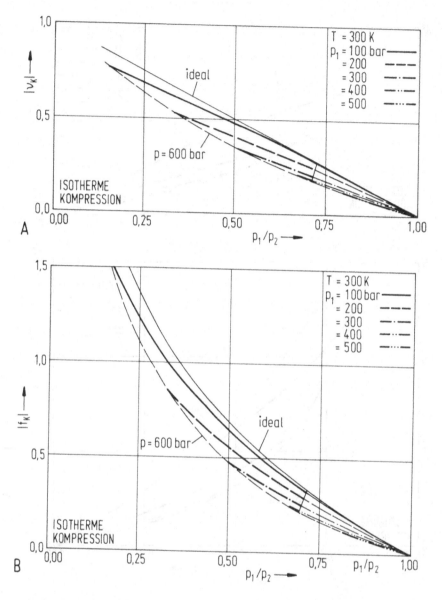

Bild 6.17. Volumen- und Kapazitätsfaktor bei isothermer Kompression
(T = 300 K)

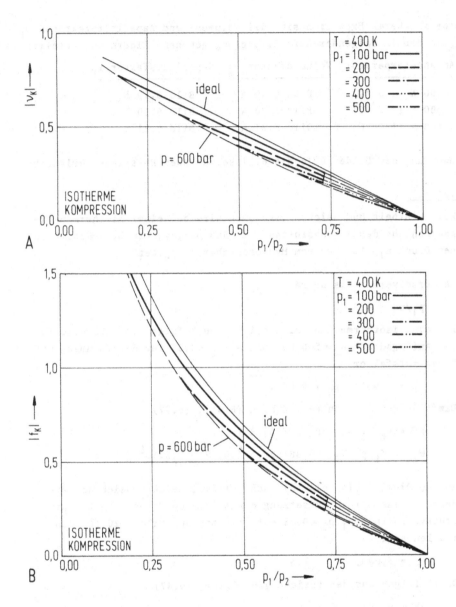

Bild 6.18. Volumen- und Kapazitätsfaktor bei isothermer Kompression
(T = 400 K)

Für eine isotherme Expansion sind die Volumen- und Kapazitätsfaktoren ν_E und f_E in den in folgender Aufstellung angegebenen Bildern dargestellt:

Anfangstemperatur	Volumenfaktor ν_E	Kapazitätsfaktor f_E
200 K (-73 °C)	Bild 6.19 A	Bild 6.19 B
300 K (27 °C)	Bild 6.20 A	Bild 6.20 B
400 K (127 °C)	Bild 6.21 A	Bild 6.21 B

Die Anwendung der Bilder 6.16 bis 6.21 sei an zwei Beispielen erläutert:

Beispiel 6.7:

Welche Arbeit und welches Ölvolumen wird bei einer isothermen Expansion aus dem Anfangszustand p_2 = 500 bar, V_2 = 20 l, T = 300 K auf den Druck p_1 = 125 bar vom Hydrospeicher abgegeben?

Das Druckverhältnis beträgt

$$p_1/p_2 = 0,25 .$$

Für eine isotherme Expansion bei T = 300 K folgt aus Bild 6.20 für den Anfangsdruck p_2 = 500 bar und p_1/p_2 = 0,25 für den Volumen- und Kapazitätsfaktor

$$\nu_E = 1,96 ; \quad f_E = 0,88 .$$

Damit folgen aus den Beziehungen (6.46), (6.47)

$$\Delta V = \nu_E\, V_2 = 1,96 \cdot 20 = 39,2 \text{ l} ,$$

$$W_{21} = f_E\, p_2\, V_2 = 0,88 \cdot 500.10^5 \cdot 0,02 = 8,8.10^5 \text{ J} .$$

Anhand dieses Beispiels sei auch gezeigt, welch abweichende Ergebnisse man bei Voraussetzung eines idealen Gases erhält. Für das Druckverhältnis p_1/p_2 = 0,25 entnimmt man aus Bild 6.20 für den idealen Fall:

$$\nu_E = 3,00 ; \quad f_E = 1,39 .$$

Damit folgen aus den Beziehungen (6.46), (6.47)

$$\Delta V = \nu_E\, V_2 = 60 \text{ l} ,$$

$$W_{21} = f_E\, p_2\, V_2 = 1,39.10^6 \text{ J} .$$

Hier ist festzustellen, daß bei der Berechnung unter Voraussetzung eines idealen Gases ein Fehler von 53 % in Bezug auf das Ölvolumen und von 58 % in Bezug auf die Arbeit in Kauf zu nehmen wäre.

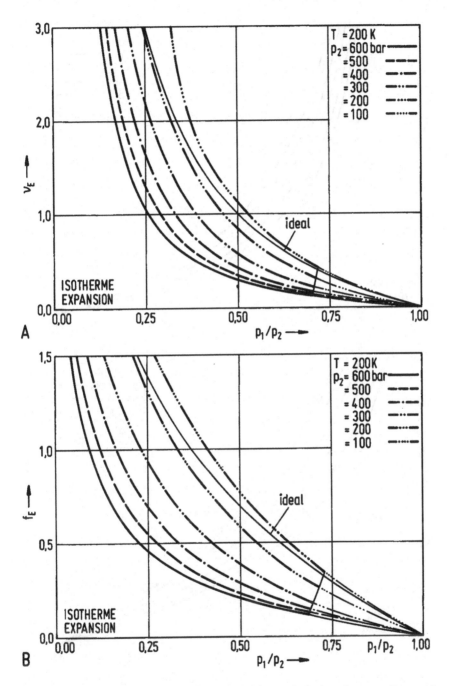

Bild 6.19. Volumen- und Kapazitätsfaktor bei isothermer Expansion (T = 200 K)

52

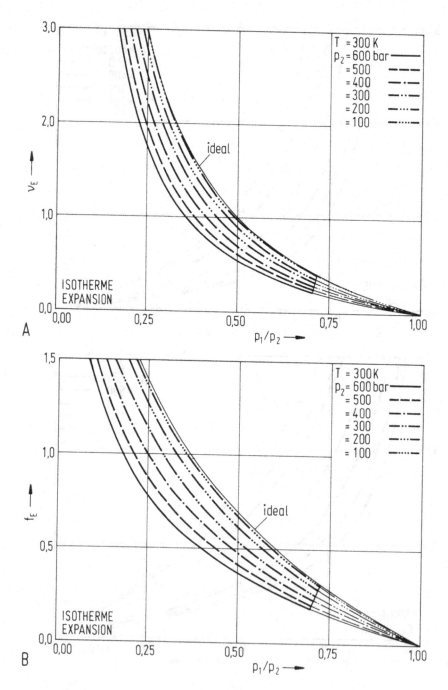

Bild 6.20. Volumen- und Kapazitätsfaktor bei isothermer Expansion (T = 300 K)

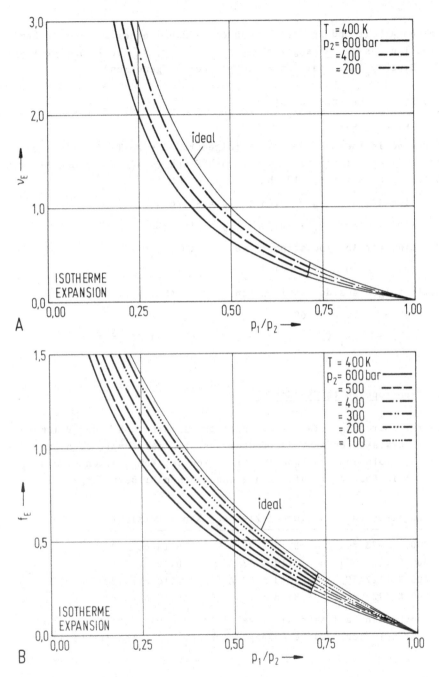

Bild 6.21. Volumen- und Kapazitätsfaktor bei isothermer Expansion
(T = 400 K)

Beispiel 6.8:

Welche Arbeit und welches Ölvolumen wird bei einer isothermen Kompression aus dem Anfangszustand $p_1 = 125$ bar, $V_1 = 50$ l, $T = 340$ K auf den Druck $p_2 = 550$ bar vom Hydrospeicher aufgenommen?

Das Druckverhältnis beträgt

$$p_1/p_2 = 0,23 \ .$$

Für eine isotherme Kompression folgen für die zu $T = 340$ K benachbarten Temperaturstützstellen $T = 300$ K und $T = 400$ K aus den Bildern 6.17 und 6.18 für $p_1 = 125$ bar und $p_1/p_2 = 0,23$:

$$T = 300 \text{ K} : \quad \nu_K = -0,68 \ ; \quad f_K = -1,26 \ ,$$

$$T = 400 \text{ K} : \quad \nu_K = -0,70 \ ; \quad f_K = -1,32 \ .$$

Mit linearer Interpolation folgen für $T = 340$ K

$$\nu_K = -0,69 \ ; \quad f_K = -1,28 \ .$$

Damit folgen aus den Beziehungen (6.44), (6.45)

$$\Delta V = \nu_K \ V_1 = -0,69 \cdot 50 = -34,5 \text{ l} \ ,$$

$$W_{12} = f_K \ p_1 \ V_1 = -1,28 \cdot 125 \cdot 10^5 \cdot 0,05 = -8,0 \cdot 10^5 \text{ J} \ .$$

6.2.3.2 Isentrope Zustandsänderung

Bei einer isentropen Zustandsänderung interessieren neben den Volumen- und Kapazitätsfaktoren auch die Endtemperaturen der Kompression bzw. Expansion. Die Volumen- und Kapazitätsfaktoren der Kompression ν_K und f_k sind in den in folgender Aufstellung angegebenen Bildern dargestellt:

Anfangstemperatur	Volumenfaktor ν_K	Kapazitätsfaktor f_K
200 K (-73 °C)	Bild 6.22 A	Bild 6.22 B
300 K (27 °C)	Bild 6.23 A	Bild 6.23 B
400 K (127 °C)	Bild 6.24 A	Bild 6.24 B
500 K (227 °C)	Bild 6.25 A	Bild 6.25 B

Wie im isothermen Fall sind die Ergebnisse in Abhängigkeit vom Druckverhältnis für unterschiedliche Anfangsdrücke p_1 als Parameter veranschaulicht.

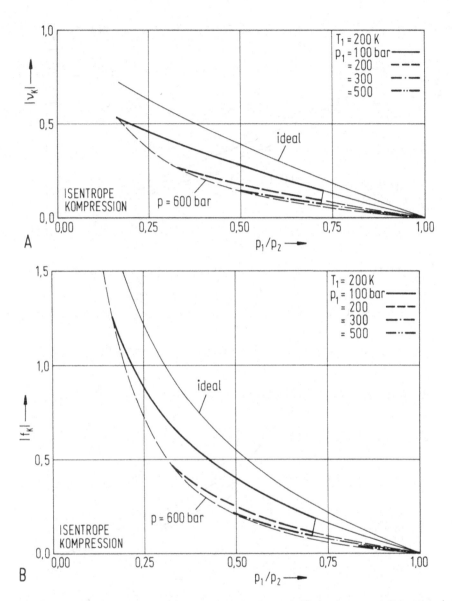

Bild 6.22. Volumen- und Kapazitätsfaktor bei isentroper Kompression
(T_1 = 200 K)

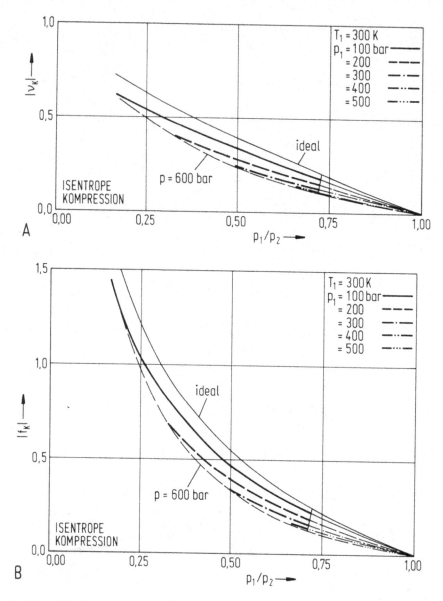

Bild 6.23. Volumen- und Kapazitätsfaktor bei isentroper Kompression
(T_1 = 300 K)

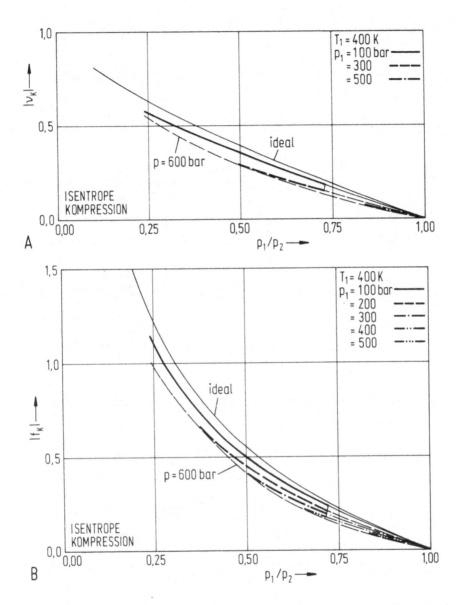

Bild 6.24. Volumen- und Kapazitätsfaktor bei isentroper Kompression
(T_1 = 400 K)

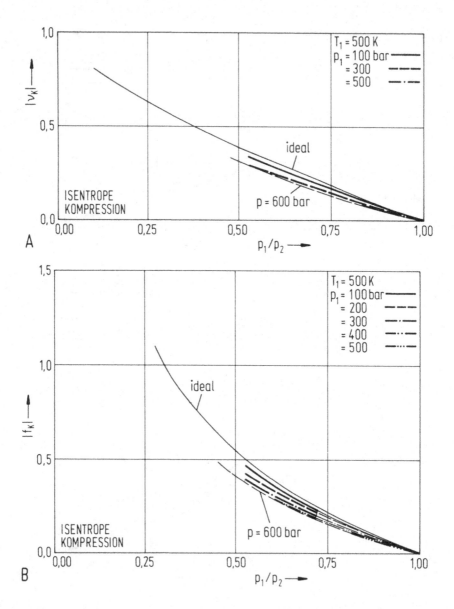

Bild 6.25. Volumen- und Kapazitätsfaktor bei isentroper Kompression
(T_1 = 500 K)

Für eine isentrope Expansion sind die Volumen- und Kapazitätsfaktoren in den in folgender Aufstellung angegebenen Bildern dargestellt:

Anfangstemperatur	Volumenfaktor ν_E	Kapazitätsfaktor f_E
300 K (27 °C)	Bild 6.26 A	Bild 6.26 B
400 K (127 °C)	Bild 6.27 A	Bild 6.27 B
500 K (227 °C)	Bild 6.28 A	Bild 6.28 B
600 K (327 °C)	Bild 6.29 A	Bild 6.29 B

Die Anwendung der Bilder ist analog zum isothermen Fall. Deshalb sei nur ein Beispiel angegeben:

Beispiel 6.9:

Welche Arbeit und welches Ölvolumen wird bei einer isentropen Kompression aus dem Anfangszustand $p_1 = 132$ bar, $V_1 = 50$ l, $T_1 = 350$ K auf den Druck $p_2 = 330$ bar vom Hydrospeicher aufgenommen?

Das Druckverhältnis beträgt

$$p_1/p_2 = 0,4 \ .$$

Für eine isentrope Kompression folgt für die zu $T_1 = 350$ K benachbarten Temperaturstützstellen $T_1 = 300$ K bzw. $T_1 = 400$ K aus den Bildern 6.23 bzw. 6.24 für den Druck $p_1 = 132$ bar und $p_1/p_2 = 0,4$

$$T_1 = 300 \text{ K}: \quad \nu_K = -0,39 \ ; \quad f_K = -0,61 \ ,$$

$$T_1 = 400 \text{ K}: \quad \nu_K = -0,41 \ ; \quad f_K = -0,65 \ .$$

Durch lineare Interpolation folgt für $T_1 = 350$ K

$$\nu_K = -0,40 \ ; \quad f_K = -0,63 \ .$$

Damit folgen aus den Beziehungen (6.44), (6.45)

$$\Delta V = \nu_K V_1 = -0,40 \cdot 50 = -20 \text{ l} \ ,$$

$$W_{12} = f_K p_1 V_1 = -0,63 \cdot 132 \cdot 10^5 \cdot 0,05 = -4,16 \cdot 10^5 \text{ J} \ .$$

Bei einer isentropen Expansion interessiert auch die Endtemperatur der Gasfüllung. Diese Temperatur ist zum einen in Bezug auf die thermische Belastung des Trennglieds von Interesse, zum anderen aber auch deshalb, weil sie als Anfangswert für die darauffolgende Zustandsänderung benötigt wird, wenn man z. B. eine Folge von Zustandsänderungen im Hydrospeicher betrachtet.

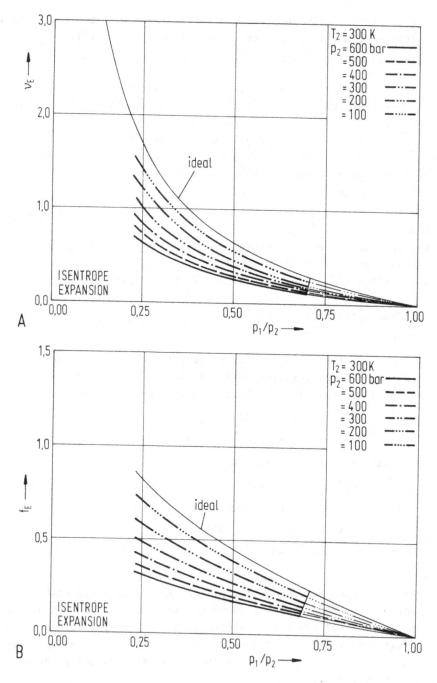

Bild 6.26. Volumen- und Kapazitätsfaktor bei isentroper Expansion
(T_2 = 300 K)

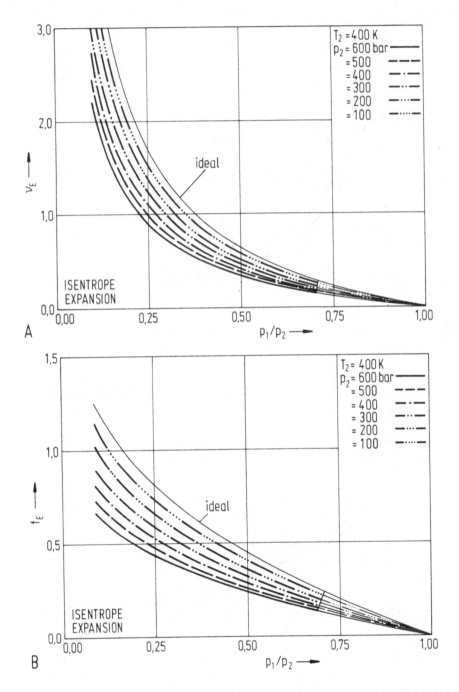

Bild 6.27. Volumen- und Kapazitätsfaktor bei isentroper Expansion
($T_2 = 400$ K)

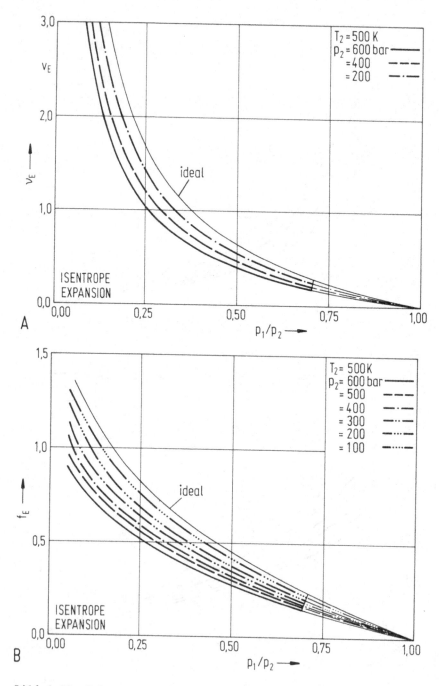

Bild 6.28. Volumen- und Kapazitätsfaktor bei isentroper Expansion
(T_2 = 500 K)

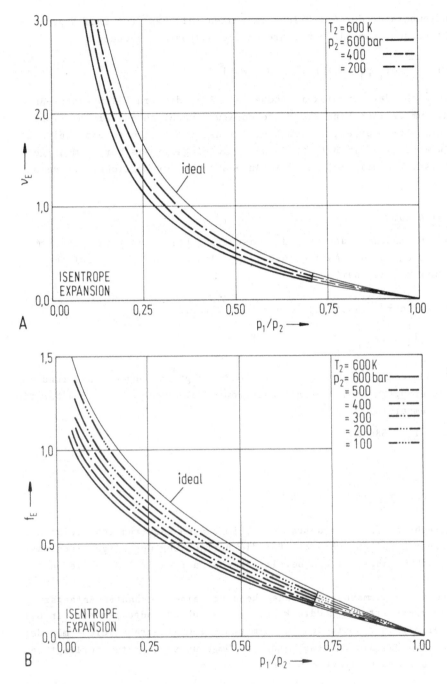

Bild 6.29. Volumen- und Kapazitätsfaktor bei isentroper Expansion
(T_2 = 600 K)

64

Die Endtemperatur der Gasfüllung im realen Fall kann auf zwei Wegen ermittelt werden. Zum einen beschreibt die Adiabatengleichung

$$T \, p^{\frac{1-\kappa}{\kappa}} = T_1 \, p_1^{\frac{1-\kappa}{\kappa}} = \text{konst.} \quad \text{mit } \kappa = 1,4 \tag{6.48}$$

mit hinreichender Genauigkeit (höher als 2 %) die Druck-Temperatur-Änderungen. Zum zweiten kann die Endtemperatur graphisch aus einem p-T-Diagramm ermittelt werden, in dem Linien konstanter Entropie eingezeichnet
sind, wie es z. B. im Bild 6.30 in einfach-logarithmischer Form dargestellt ist. Ein Beispiel möge die Anwendung beider Möglichkeiten demonstrieren:

Beispiel 6.10:

Welche Endtemperatur hat die Gasfüllung bei einer isentropen Kompression aus dem Anfangszustand $p_1 = 160$ bar, $T_1 = 310$ K auf den
Druck $p_2 = 324$ bar?

1) Aus der Adiabatengleichung (6.48) folgt

$$T_2 = T_1 \left(\frac{p_1}{p_2} \right)^{-0,286} = 379 \text{ K} .$$

2) Aus dem p-T-Diagramm im Bild 6.30 folgt entlang der aufgrund des
Anfangszustands bekannten Entropie bei dem Druck $p_2 = 324$ bar die
Temperatur

$$T_2 = 380 \text{ K} .$$

6.2.4 Isochorer Wärmeaustausch

Die Betrachtung des Wärmeaustauschs beim realen Gasverhalten bleibt auf
den isochoren Fall beschränkt. Für die Betrachtung des allgemeinen Wärmeaustauschvorgangs sei wie bereits erwähnt auf Kapitel 8 verwiesen.

Beim isochoren Wärmeaustausch ausgehend von einem bekannten Anfangszustand interessiert der Enddruck für eine gegebene Endtemperatur. In der
Praxis erfolgt der Austausch in Form eines Temperaturausgleichs mit der
Umgebung, so daß die Endtemperatur als Umgebungstemperatur vorliegt und
der Enddruck ermittelt werden muß.

Da bei einer isochoren Zustandsänderung auch das spezifische Volumen v
konstant bleibt, läßt sich der Enddruck aus dem p-T-v-Verhalten des
realen Gases graphisch ermitteln. Zu diesem Zweck sind im bereits vorge-

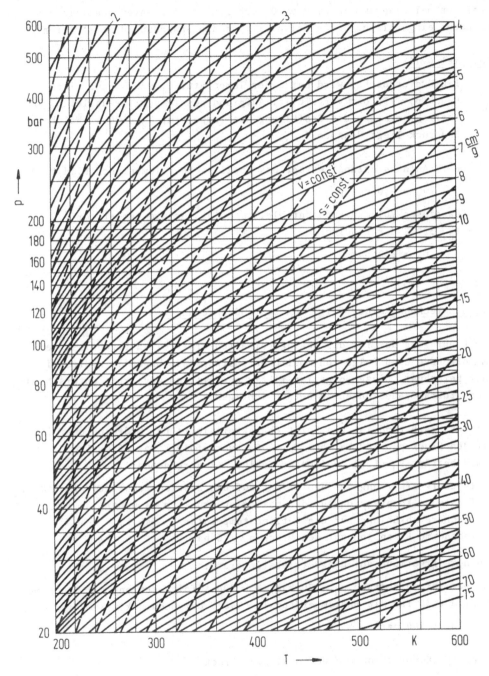

Bild 6.30. p-T-v-s-Verhalten von Stickstoff

stellten p-T-Diagramm im Bild 6.30 auch Linien konstanten spezifischen Volumens eingezeichnet. Ein Beispiel möge die Anwendung demonstrieren:

Beispiel 6.11:

Ein Hydrospeicher wird bei einer Temperatur $T_1 = 290$ K auf einen Druck $p_1 = 175$ bar vorgefüllt. Aufgrund des Temperaturausgleichs im Betrieb erreicht die Gasfüllung die Temperatur $T_2 = 320$ K. Welcher Enddruck liegt dann vor?

Beim Anfangszustand beträgt das spezifische Volumen nach Bild 6.30

$$v_1 = 5,0 \text{ cm}^3/\text{g} .$$

Da dieses Volumen konstant bleibt, folgt für die Temperatur $T_2 = 320$ K der Enddruck

$$p_2 = 200 \text{ bar} .$$

6.2.5 Berechnung einer Folge von Zustandsänderungen

Zur Einprägung der für das Realgasverhalten ermittelten Ergebnisse sei im folgenden eine Folge von möglichen Zustandsänderungen im Hydrospeicher berechnet. Diese Folge ist fiktiv gewählt, um möglichst unterschiedliche Zustandsänderungen zu berücksichtigen.

Der Anfangszustand ist wie folgt charakterisiert: Der Hydrospeicher ist auf den Druck $p_0 = 130$ bar bei $T_0 = 290$ K vorgefüllt. Das effektive Gasvolumen beträgt $V_0 = 50$ l. Folgender Zyklus ist vorgegeben:

1) Isochore Erwärmung der Gasfüllung auf die Betriebstemperatur $T = 340$ K,
2) Isentrope Kompression auf den maximalen Druck $p = 450$ bar,
3) Isochore Abkühlung auf die Betriebstemperatur $T = 340$ K,
4) Isotherme Expansion auf den Druck $p = 175$ bar.

Isochore Erwärmung auf die Betriebstemperatur:

Aus dem Anfangszustand $p_0 = 130$ bar, $T_0 = 290$ K folgt entlang der Isochore im Bild 6.30 für die Endtemperatur $T_1 = 340$ K der Enddruck

$$p_1 = 160 \text{ bar} .$$

Isentrope Kompression auf den maximalen Druck:

Aus dem Anfangszustand $p_1 = 160$ bar, $V_1 = 50$ l, $T_1 = 340$ K wird auf den Druck $p_2 = 450$ bar komprimiert. Das Druckverhältnis beträgt

$$p_1/p_2 = 0,356 .$$

Für die zu $T_1 = 340$ K benachbarten Temperaturstützstellen $T_1 = 300$ K und
und $T_1 = 400$ K folgen aus den Bildern 6.23 und 6.24 für den Volumenfaktor

$$\nu_K = -0,41 \quad \text{bei} \quad T_1 = 300 \text{ K} \,,$$

$$\nu_K = -0,44 \quad \text{bei} \quad T_1 = 400 \text{ K} \,.$$

Mit linearer Interpolation erhält man für $T_1 = 340$ K

$$\nu_K = -0,42 \,.$$

Gemäß Beziehung (6.44) folgt für das Gasvolumen am Ende der Kompression

$$V_2 = (1 + \nu_K) \; V_1 = 29 \text{ l} \,.$$

Die Endtemperatur der Kompression beträgt mit $T_1 = 340$ K und $p_1/p_2 = 0,356$
gemäß Beziehung (6.48)

$$T_2 = T_1 \left(\frac{p_1}{p_2} \right)^{-0,286} = 457 \text{ K} \,.$$

Damit hat der Endzustand folgende Werte:

$$p_2 = 450 \text{ bar} \; ; \quad V_2 = 29 \text{ l} \; ; \quad T_2 = 457 \text{ K} \,.$$

Isochore Abkühlung auf die Betriebstemperatur:

Aus dem Anfangszustand $p_2 = 450$ bar, $T_2 = 457$ K folgt aus Bild 6.30 entlang der Isochore und für die Temperatur $T_3 = 340$ K der Enddruck

$$p_3 = 303 \text{ bar} \,.$$

Isotherme Expansion auf den Druck p = 175 bar:

Aus dem Anfangszustand $p_3 = 303$ bar, $V_3 = 29$ l, $T_3 = 340$ K wird auf den
Druck $p_4 = 175$ isotherm expandiert. Das Druckverhältnis beträgt

$$p_4/p_3 = 0,578 \,.$$

Für die zu $T_3 = 340$ K benachbarten Temperaturstützstellen $T = 300$ K und
$T = 400$ K folgen aus den Bildern 6.20 A und 6.21 A die Volumenfaktoren

$$\nu_E = 0,57 \quad \text{bei} \quad T = 300 \text{ K} \,,$$

$$\nu_E = 0,60 \quad \text{bei} \quad T = 400 \text{ K} \,.$$

Mit linearer Interpolation folgt für $T = 340$ K

$$\nu_E = 0,58 \,.$$

Gemäß Beziehung (6.46) folgt für das Endvolumen

$$V_4 = (1 + \nu_E) \; V_3 = 45,8 \text{ l} \,.$$

6.2.6 Anwendung der Beziehungen für ideale Gase auf das reale Verhalten

Die mit einer Volumenänderung verbundenen Zustandsänderungen der Gasfüllung unter Voraussetzung eines idealen Gases wurden im Abschnitt 6.1 für
den isothermen Fall mit der Beziehung (6.3)

$$p\,V = const$$

und für den isentropen Fall mit den Beziehungen (6.4) bis (6.6)

$$p\,V^{\kappa} = const \ ,$$

$$T\,V^{\kappa-1} = const \ ,$$

$$T\,p^{\frac{1-\kappa}{\kappa}} = const$$

beschrieben. Diese Beziehungen ermöglichten, das Ölvolumen und die Arbeit analytisch anzugeben. Sie bieten sich wegen ihrer Einfachheit auch
zur Modellierung eines Hydrospeichers in einer Rechnersimulation an.
Beispielsweise kann die Beziehung (6.3) beim isothermen Fall und (6.4)
im isentropen Fall für ein einfaches Modell der Druck-Volumen-Änderungen
in einer hydropneumatischen Feder herangezogen werden. Aufgrund dieser
Möglichkeit stellt sich die Frage, ob diese Beziehungen nicht auch auf
das reale Verhalten von Gasen angewendet werden können.

Zunächst sei zu diesem Zweck eine isotherme Zustandsänderung betrachtet.
In der Thermodynamik der realen Gase gilt für infinitesimale Zustandsänderungen isothermer Art [80]

$$p\,V^{\kappa_T} = const \ , \tag{6.49}$$

wobei im Vergleich zum idealen Fall ein Exponent der Isotherme κ_T eingeführt ist, welcher im Gegensatz zum idealen Fall nicht notwendig eins
beträgt. Beziehung (6.49) gilt deshalb für infinitesimale Zustandsänderungen, weil der Exponent κ_T druck- und temperaturabhängig ist.

Mit hinreichender Genauigkeit kann jedoch Beziehung (6.49) eine isotherme Zustandsänderung auch in einem beschränkten Druck- und Temperaturbereich beschreiben, wenn in diesem Zustandsbereich κ_T als konstant vorausgesetzt wird, z. B. dadurch, daß in der Beziehung (6.49) ein mittle-
rer Exponent $\bar{\kappa}_T$ verwendet wird.

Unabhängig davon, ob κ_T für einen Zustandspunkt oder dessen Mittelwert
$\bar{\kappa}_T$ für eine Zustandsänderung verwendet wird, benötigt man die Druck-Tem-
peraturabhängigkeit dieses Exponenten. κ_T ist als

$$\kappa_T = -\frac{v}{p\left(\frac{\partial v}{\partial p}\right)_T} \tag{6.50}$$

definiert (s. Traupel [80]). Er läßt sich deshalb allein aus den thermischen Zustandsgrößen ermitteln. Im Bild 6.31 ist κ_T in Abhängigkeit vom Druck mit der Temperatur als Parameter dargestellt. κ_T steigt mit sinkender Temperatur und steigendem Druck.

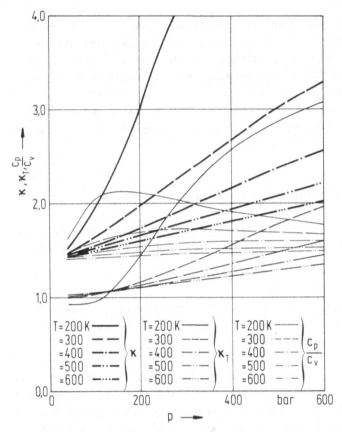

Bild 6.31. Exponenten der Isotherme und Isentrope sowie das Verhältnis der spezifischen Wärmekapazitäten für Stickstoff

Betrachtet man nunmehr isentrope Zustandsänderungen, so muß zunächst vorausgeschickt werden, daß man nicht für alle drei Beziehungen (6.6) bis (6.6) mit dem gleichen Exponenten der Isentrope κ arbeiten darf. Zunächst ist wie bereits erwähnt festzuhalten, daß für Druck-Temperatur-Änderungen Beziehung (6.6) weiterhin mit dem idealen Exponenten der Isentropen κ ($\kappa = 1{,}4$ für Stickstoff) gültig ist. Demnach besteht im realen Fall für Stickstoff die Beziehung

$$T\, p^{-0,286} = \text{const}.$$
(6.51)

Für Druck-Volumen-Änderungen jedoch muß der Exponent der Isentrope κ neu definiert werden. Nach Traupel [80] besteht für diesen Exponenten κ der Zusammenhang:

$$\kappa = \frac{c_p}{c_v} \, \kappa_T \quad . \tag{6.52}$$

Da κ_T bereits bestimmt wurde und die spezifischen Wärmekapazitäten c_p und c_v in der Literatur [83] bekannt sind, kann der Exponent der Isentrope aus der obigen Beziehung ermittelt werden. Das so ermittelte κ ist neben c_p/c_v auch im Bild 6.31 dargestellt. Man sieht, daß κ mit steigendem Druck und sinkender Temperatur steigt. Es ist interessant, daß κ für hohe Drücke und niedrige Temperaturen vom idealen Fall (κ = 1,4) stark abweichende Werte annehmen kann. Für Druck-Volumen-Änderungen im realen Fall gilt mit diesem Exponenten

$$p \, V^{\bar{\kappa}} = \text{const} \, , \tag{6.53}$$

wobei $\bar{\kappa}$ einen Mittelwert für den Zustandsbereich darstellt.

Die Beziehung für Volumen-Temperatur-Änderungen im realen Fall kann aus den Beziehungen (6.51) und (6.53) abgeleitet werden. Es folgt dafür:

$$T \, V^{-0,286 \, \bar{\kappa}} = \text{const} \, . \tag{6.54}$$

In der Tabelle 6.1 sind die Zusammenhänge zwischen Druck, Volumen und Temperatur im isothermen und isentropen Fall für ideale und reale Zustandsänderungen gegenübergestellt.

Nachdem die zu verwendenden Beziehungen geklärt sind, interessiert, wie die Mittelwerte der Exponenten κ_T oder κ zu ermitteln sind. Im Bild 6.32 ist in einer lg p-lg V-Darstellung am Beispiel einer Kompression die graphische Deutung der Exponenten des Anfangs- und Endzustands und des mittleren Exponenten demonstriert. Zahlenmäßig kann der mittlere Exponent durch das arithmetische Mittel der Exponenten vom Anfangs- und Endzustand berechnet werden. Diese Exponenten kann man dem Bild 6.31 entnehmen, wenn die Anfangs- und Endwerte der Zustandsänderung hinsichtlich Druck und Temperatur in etwa bekannt sind. Ein Zahlenbeispiel möge dies verdeutlichen:

Beispiel 6.12:

Die Gasfüllung werde aus dem Anfangszustand p_1 = 200 bar, T_1 = 280 K auf den Druck p_2 = 600 bar isentrop komprimiert. Welcher mittlere Exponent der Isentrope $\bar{\kappa}$ sollte für Druck-Volumen-Änderungen verwendet werden?

Tabelle 6.1. Verwendung der Beziehungen für ideale Gase im realen Fall

	IDEAL	REAL	
		Gleichungen	Bemerkungen
ISOTHERM — Druck-Volumen	$p\,V = const$	$p\,V^{\bar{\kappa}_T} = const$	$\bar{\kappa}_T$ ist Mittelwert vom Anfangs- und Endzustand
Druck-Volumen	$p\,V^{\kappa} = const$ mit $\kappa = 1,4$	$p\,V^{\bar{\kappa}} = const$	$\bar{\kappa}$ ist Mittelwert vom Anfangs- und Endzustand
ISENTROP — Druck-Temperatur	$T\,p^{\frac{1-\kappa}{\kappa}} = const$ mit $\kappa = 1,4$	$T\,p^{-0,286} = const$	Exponent ist druck- und temperatur-unabhängig
Temperatur-Volumen	$T\,V^{\kappa-1} = const$ mit $\kappa = 1,4$	$T\,V^{-0,286\,\bar{\kappa}} = const$	$\bar{\kappa}$ ist Mittelwert vom Anfangs- und Endzustand

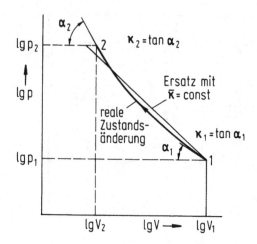

Bild 6.32. Graphische Deutung eines mittleren Exponenten $\bar{\kappa}$

Aus Bild 6.30 folgt für eine isentrope Zustandsänderung aus dem Anfangszustand p_1 = 200 bar, T_1 = 280 K auf den Druck p_2 = 600 bar die Endtemperatur

$\qquad T_2$ = 383 K .

Aus Bild 6.31 folgen die Exponenten für den Anfangs- und Endzustand

$\qquad \kappa_1$ = 2,06 für p_1 = 200 bar und T_1 = 280 K ,

$\qquad \kappa_2$ = 2,70 für p_2 = 600 bar und T_2 = 383 K .

Damit ergibt sich für den mittleren Exponenten der Isentrope

$\qquad \bar{\kappa}$ = 2,38 .

7 Auslegung der Spezifikationen

In diesem Kapitel wird die Auslegung der Spezifikationen eines Hydrospeichers auf klassische Weise vorgenommen. Demgegenüber wird im Kapitel 8 ein anderes Verfahren, die Auslegung durch ein Simulationsmodell, vorgestellt.

7.1 Struktur der Auslegungsprozedur

Durch die Auslegungsprozedur sollen für einen bestimmten Einsatzfall die Spezifikationen des Hydrospeichers, nämlich

- das effektive Gasvolumen V_0 ,
- der Vorfülldruck (Gasvorspannung) p_0

ausgewählt werden. Wie auch im Blockschema im Bild 7.1 dargestellt, gehen

- die Anforderungen des Einsatzfalles,
- die Eigenschaften des Energieträgers,
- das Herstellerangebot

in die Auslegungsprozedur ein.

Die Anforderungen des Einsatzfalles bestehen darin, daß ein bestimmter Bedarf an Ölvolumen $(\Delta V)_{erf}$ oder Energie W_{12erf} unter Berücksichtigung anlagenspezifischer Kenngrößen gedeckt und zugleich bestimmte Nebenbedingungen erfüllt werden sollen. Diese Nebenbedingungen können allgemeine oder anlagenspezifische Bedingungen oder aber Extremalbedingungen sein. Die Definition der Kenngrößen und Nebenbedingungen wurde im Abschnitt 5.1 vorgenommen.

Die Eigenschaften des Energieträgers können, wie im Kapitel 6 ausführlich erläutert, von anlagenspezifischen Kenngrößen (beispielsweise von den Betriebsdrücken und -temperaturen, von der Dauer des Austauschvorgangs) abhängen. Der Einfluß dieser Kenngrößen kann vor allem beim Realgasverhalten erheblich sein.

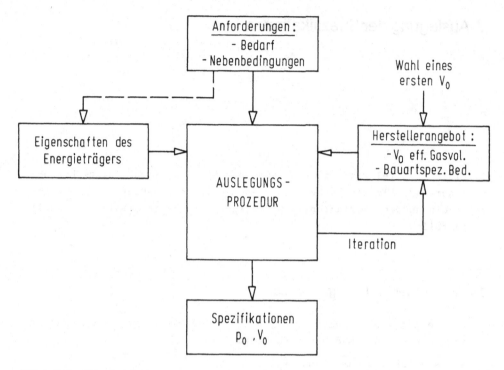

Bild 7.1. Blockschema zur Auslegung

Das Herstellerangebot berücksichtigt das effektive Gasvolumen, das für
einen Druckbereich in gestuften Größen zur Verfügung steht. Dieser Ein-
gangsgröße sind auch bauartspezifische Bedingungen untergeordnet, weil
solche Bedingungen von Hersteller zu Hersteller variieren können.

Die Auslegung ist eine iterative Prozedur, denn wenn auch der Vorfülldruck p_0 beliebig wählbar ist, steht das effektive Gasvolumen in gestuften Größen zur Verfügung, so daß man die Auslegung mit einem ersten (ab-
geschätzten) effektiven Gasvolumen V_0 anfangen und iterativ die optima-
len Spezifikationen p_0, V_0 ermitteln wird.

7.2 Beschreibung des betrachteten Auslegungsfalles

Der in diesem Abschnitt vorgestellte Auslegungsfall, für den in diesem
Kapitel die Auslegungsgrundlagen und -diagramme angegeben werden, kommt
in der Praxis am häufigsten vor. Auf andere Auslegungsfälle wird nicht
näher eingegangen. Jedoch lassen sich durch eine ähnliche Vorgehensweise
auch für andere Auslegungsfälle entsprechende Grundlagen und Diagramme
gewinnen.

Der betrachtete Auslegungsfall ist folgender: Der Bedarf der hydraulischen Anlage ist als erforderliches Ölvolumen $(\Delta V)_{erf}$ oder erforderliche
Energie W_{12erf} vorgegeben. Dieser Bedarf soll unter Berücksichtigung der
anlagenspezifischen Kenngrößen

- p_3 maximaler Betriebsdruck,
- Θ_{max} maximale Betriebstemperatur,
- Θ_{min} minimale Betriebstemperatur

gedeckt werden. Als anlagenspezifische Bedingung wird gefordert, daß die
Arbeitsdruckdifferenz Δp einen vorgegebenen zulässigen Wert nicht über-
schreitet:

$$\Delta p \leq (\Delta p)_{zul} \; .$$

Es sind außerdem allgemeine Bedingungen gemäß Abschnitt 5.1 zu erfüllen.
Weitere Bedingungen sind nicht gestellt.

Für diesen Auslegungsfall wird angenommen, daß der Lade- und Entladevorgang im Betrieb so schnell erfolgt, daß die Zustandsänderung zwischen
den Arbeitsdrücken adiabat erfolgt. Das ist eine konservative Annahme,
d. h., wenn die Anforderungen mit dieser Annahme erfüllt sind, werden
sie unter sonstigen Voraussetzungen (polytrop, isotherm) stets erfüllt
werden. Mit dieser Annahme nimmt man also in Kauf, daß der Speicher ge-
gebenenfalls etwas überdimensioniert ist.

Im folgenden werden zunächst unter Voraussetzung eines idealen Gases
die Auslegungsgrundlagen und -diagramme vorgestellt. Auf den realen Fall
wird am Abschnitt 7.4 eingegangen.

7.3 Auslegung im idealen Fall

Im Bild 7.2 sind in einem p-V-Diagramm die Zustandsänderungen für die
minimale und maximale Betriebstemperatur dargestellt. Aus diesem Bild
geht folgendes hervor: Während man bei der maximalen Betriebstemperatur darauf achten muß, daß das erforderliche Ölvolumen $(\Delta V)_{erf}$ bzw. die
erforderliche Energie W_{12erf} zur Verfügung steht, wird man bei der minimalen Betriebstemperatur darauf achten, daß die zulässige Arbeitsdruckdifferenz $(\Delta p)_{zul}$ nicht überschritten wird. Es gelten deshalb die Restriktionen

$$\Delta V \geq (\Delta V)_{erf} \quad \text{für Ölvolumen} \quad \text{bei } T_M = \Theta_{max} \left.\right\} \qquad (7.1)$$
$$\qquad\qquad\qquad\qquad\qquad\qquad\qquad\qquad\quad 1. \text{ Restriktion}$$
$$W_{12} \geq W_{12erf} \quad \text{für Energie} \quad\;\; \text{bei } T_M = \Theta_{max} \qquad\qquad\quad (7.2)$$

$$\Delta p \leq (\Delta p)_{zul} \qquad\qquad\qquad\quad \text{bei } T_m = \Theta_{min} \quad 2. \text{ Restriktion} \quad (7.3)$$

76

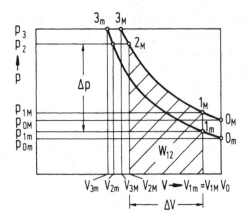

Bild 7.2. Betrachteter Auslegungsfall im p-V-Diagramm

1. Restriktion:

Fall 1: Ölvolumen ist erforderlich

Vom Hydrospeicher wird das Volumen ΔV zur Verfügung gestellt:

$$\Delta V = V_{1M} - V_{2M}. \tag{7.4}$$

Mit den Beziehungen

$$p_{1M} V_{1M} = p_{0M} V_{0M} , \tag{7.5}$$

$$p_2 V_{2M}^\kappa = p_{1M} V_{1M}^\kappa , \tag{7.6}$$

$$\frac{p_0}{T_0} = \frac{p_{0M}}{T_M} \tag{7.7}$$

folgt aus (7.4) nach einigen Umformungen

$$\Delta V = \frac{p_{0M}}{p_{1M}} \left[1 - \left(\frac{\frac{T_M}{T_0}}{\frac{p_{0M}}{p_{1M}} \frac{p_2}{p_3}} \frac{p_0}{p_3} \right)^{\frac{1}{\kappa}} \right] V_0 . \tag{7.8}$$

Durch das Einsetzen von (7.8) in (7.1) und mit den Abkürzungen

$$C = \frac{p_{0M}}{p_{1M}} \quad ; \quad K = \frac{\frac{T_M}{T_0}}{\frac{p_{0M}}{p_{1M}} \frac{p_2}{p_3}} \tag{7.9}$$

folgt die 1. Restriktionsbeziehung für das Ölvolumen:

$$\frac{(\Delta V)_{erf}}{V_0} \leq C \left[1 - \left(K \frac{p_0}{p_3} \right)^{\frac{1}{\kappa}} \right] \tag{7.10}$$

Fall 2: Energie ist erforderlich

Im Hydrospeicher wird bei der maximalen Betriebstemperatur folgende
Energie gespeichert:

$$W_{12} = \frac{P_{1M} \, V_{1M}}{\kappa - 1} \left[\left(\frac{P_{1M}}{P_2} \right)^{\frac{1-\kappa}{\kappa}} - 1 \right] . \tag{7.11}$$

Mit den Beziehungen (7.4) und (7.7) folgt aus (7.11) nach einigen
Umformungen:

$$W_{12} = \frac{1}{\kappa - 1} \; \frac{T_M}{T_0} \; \frac{P_0}{P_3} \; P_3 \; V_0 \left[\left(\frac{\dfrac{T_M}{T_0}}{\dfrac{P_{0M}}{P_{1M}} \dfrac{P_2}{P_3}} \; \frac{P_0}{P_3} \right)^{\frac{1-\kappa}{\kappa}} - 1 \right] . \tag{7.12}$$

Durch das Einsetzen von (7.12) in (7.2) und mit den Abkürzungen

$$C = \frac{T_M}{T_0} \quad ; \quad K = \frac{\dfrac{T_M}{T_0}}{\dfrac{P_{0M}}{P_{1M}} \dfrac{P_2}{P_3}} \tag{7.13}$$

folgt die 1. Restriktionsbeziehung für die Energie:

$$\frac{W_{12erf}}{P_3 \, V_0} \le \frac{C}{\kappa - 1} \; \frac{P_0}{P_3} \left[\left(K \, \frac{P_0}{P_3} \right)^{\frac{1-\kappa}{\kappa}} - 1 \right] . \tag{7.14}$$

2. Restriktion:

Für die Druckdifferenz p bei der minimalen Betriebstemperatur gilt:

$$\Delta p = P_2 - P_{1m} . \tag{7.15}$$

Daraus folgt mit der Beziehung

$$\frac{P_0}{T_0} = \frac{P_{0m}}{T_m} \tag{7.16}$$

nach einigen Umformungen

$$\Delta p = P_3 \left[\frac{P_2}{P_3} - \frac{\dfrac{T_m}{T_0}}{\dfrac{P_{0m}}{P_{1m}}} \; \frac{P_0}{P_3} \right] . \tag{7.17}$$

Durch das Einsetzen von (7.15) in (7.3) folgt die 2. Restriktionsbeziehung, die sowohl im Fall des Ölvolumens als auch der Energie gültig ist:

$$\frac{P_0}{P_3} \ge \frac{\dfrac{P_{0m}}{P_{1m}}}{\dfrac{T_m}{T_0}} \left[\frac{P_2}{P_3} - \frac{(\Delta p)_{zul}}{P_3} \right] . \tag{7.18}$$

Zur Diskussion der beiden Restriktionsbeziehungen sind im Bild 7.3 A
Beziehungen (7.10) und (7.18) für das Ölvolumen und im Bild 7.3 B Beziehungen (7.14) und (7.18) für die Energie qualitativ dargestellt. In dem
von der 1. und der 2. Restriktionskurve sowie von der Abszisse umschlos-
senen Bereich sind beide Restriktionen erfüllt. Im Schnittpunkt der beiden Restriktionskurven werden beide Restriktionen gerade noch mit dem
Gleichheitszeichen erfüllt sein. Deshalb ist eine Auslegung als best-
möglich zu betrachten, wenn sie zum Schnittpunkt führt. Werden die Hydrospeicherspezifikationen so gewählt, daß der Auslegungspunkt nur auf
der 1. Restriktionskurve liegt, dann steht das erforderliche Ölvolumen
bzw. die erforderliche Energie ganz genau zur Verfügung, und die Arbeitsdruckdifferenz ist kleiner als der zulässige Wert. Liegt der Auslegungspunkt auf der 2. Restriktionskurve, dann ist die zulässige Arbeitsdruckdifferenz ganz genau eingehalten, und es steht mehr Ölvolumen bzw.
Energie zur Verfügung. Aufgrund der abgestuften Gasvolumina, die die
Hersteller anbieten, wird man nicht immer den Schnittpunkt als bestmög-
lichen Auslegungspunkt erwischen. Man wird jedoch unter Beachtung des
zulässigen Bereichs die Spezifikationen so wählen, daß die Auslegung möglichst am Schnittpunkt beider Restriktionskurven liegt. Dann werden beim
vorliegenden Herstellerangebot die Anforderungen der hydraulischen Anlage mit geringstem Aufwand erfüllt.

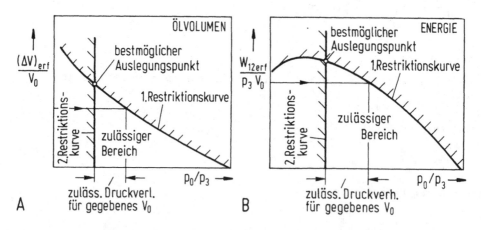

Bild 7.3. Graphische Deutung der Restriktionen und des zulässigen
Auslegungsbereichs

Um mit den beiden Restriktionsbeziehungen praktisch zu arbeiten, sind
im Bild 7.4 die Beziehung (7.10) und im Bild 7.5 die Beziehung (7.14)
für verschiedene Werte der Parameter C und K in Abhängigkeit vom Druckverhältnis p_0/p_3 als Auslegungsdiagramme dargestellt. Zwei Beispiele mögen die Anwendung dieser Bilder demonstrieren.

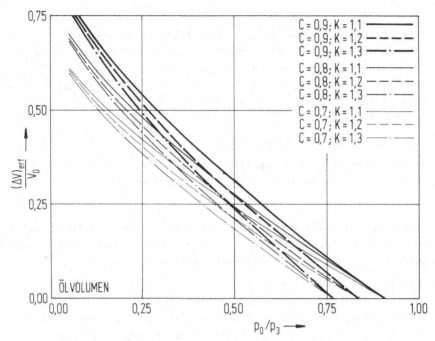

Bild 7.4. Auslegungsdiagramm für Ölvolumen im idealen Fall

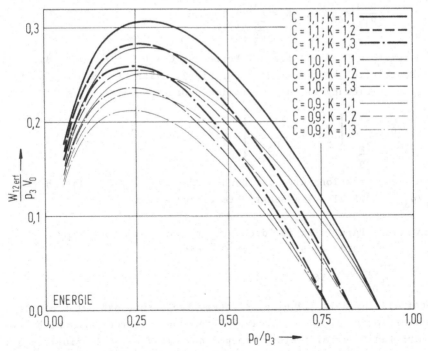

Bild 7.5. Auslegungsdiagramm für Energie im idealen Fall

Beispiel 7.1:

In einer hydraulischen Anlage ist ein Ölvolumen von $(\Delta V)_{erf}$ = 10 l erforderlich. Der maximale Druck der Anlage beträgt p_3 = 100 bar. Die minimalen und maximalen Betriebstemperaturen betragen Θ_{min} = 288 K (15 °C) und Θ_{max} = 320 K (47 °C). Der Hydrospeicher wird bei einer Temperatur von Θ_0 = 288 K (15 °C) vorgefüllt. Als allgemeine Bedingungen sind

$$p_0/p_1 \leq 0{,}9 \quad ; \quad p_2/p_3 \leq 0{,}95$$

gegeben, und als anlagenspezifische Bedingung gilt, daß die Arbeitsdruckdifferenz Δp nicht größer sein darf als

$$\Delta p \leq (\Delta p)_{zul} = 50 \text{ bar }.$$

Welche Spezifikationen, d. h. welches effektive Gasvolumen und welcher Vorfülldruck p_0 sind zu wählen? Vom Hersteller stehen folgende Größen mit effektiven Gasvolumina zur Verfügung:

$$V_0 = 17{,}8;\ 30{,}0;\ 48{,}5 \text{ l }.$$

Zur Anwendung des Auslegungsdiagramms im Bild 7.4 sind zunächst die Parameter C und K zu ermitteln. Sie ergeben sich nach (7.9) zu:

$$C = \frac{p_{0M}}{p_{1M}} = 0{,}9 \quad ; \quad K = \frac{\dfrac{T_M}{T_0}}{\dfrac{p_2}{p_3}\dfrac{p_{0M}}{p_{1M}}} = 1{,}3 \ .$$

Damit ist im Bild 7.4 für das Wertepaar C = 0,9 ; K = 1,3 die 1. Restriktionskurve bekannt. Für die 2. Restriktionskurve folgt aus der Beziehung (7.18) das minimale Druckverhältnis

$$\frac{p_0}{p_3} \geq \frac{\dfrac{p_{0m}}{p_{1m}}}{\dfrac{T_m}{T_0}} \left[\frac{p_2}{p_3} - \frac{(\Delta p)_{zul}}{p_3} \right] = \frac{0{,}9}{1{,}0}\left(0{,}95 - \frac{50}{100}\right) = 0{,}405 \ .$$

Die 2. Restriktionskurve ist dann in das Bild 7.4 bei der Abszisse p_0/p_3 = 0,405 als eine Senkrechte einzuzeichnen.

Nun werden Parallelen für die zur Verfügung stehenden Volumina V_0 = 17,8; 30,0; 48,5 l bei den Ordinaten

$$\frac{(\Delta V)_{erf}}{V_0} = 0{,}56;\ 0{,}33;\ 0{,}21$$

ebenfalls ins Bild 7.4 eingezeichnet. Man sieht, daß der kleinste Hydrospeicher mit V_0 = 17,8 l die gegebenen Anforderungen nicht erfüllen kann. Der mittlere Hydrospeicher mit V_0 = 30 l erfüllt die Anforderungen gerade im Schnittpunkt beider Restriktionskurven.

Auch der größte Hydrospeicher erfüllt die Anforderungen, ist jedoch überdimensioniert.

Beim mittleren Hydrospeicher hat man als Vorfülldruck

$$p_0 = 0,405 \ p_3 = 40,5 \ \text{bar}$$

zu wählen. Beim größten Hydrospeicher kann man entweder das Ölvolumen oder die Arbeitsdruckdifferenz genau erfüllen. Wenn das Ölvolumen genau erfüllt sein soll, dann folgt aus dem Schnittpunkt der untersten Parallelen mit der 1. Restriktionskurve das Druckverhältnis und demgemäß der Vorfülldruck

$$p_0/p_3 = 0,53 \ ; \quad p_0 = 53 \ \text{bar} \ .$$

Wenn die Arbeitsdruckdifferenz genau erfüllt sein soll, ist der Vorfülldruck $p_0 = 40,5$ bar zu wählen. Mit dem Ordinatenwert 0,33 des Schnittpunkts beider Restriktionskurven folgt das dabei zur Verfügung stehende Ölvolumen

$$\Delta V = 0,33 \ V_0 = 0,33 \ 48,5 = 16 \ 1 \ .$$

Selbstverständlich kann beim größten Hydrospeicher der Vorfülldruck auch zwischen den Grenzwerten $p_0 = 40,5$ und 53 bar gewählt werden. Dann steht sowohl beim Ölvolumen als auch bei der Arbeitsdruckdifferenz ein Überschuß zur Verfügung.

Beispiel 7.2:

In einer hydraulischen Anlage ist Energie von mindestens $W_{12\text{erf}} = 7,2.10^4$ J erforderlich. Folgende anlagenspezifische Kenngrößen sind gegeben:

$$p_3 = 160 \ \text{bar} \quad \text{max. Betriebsdruck} \ ,$$
$$\Theta_{\text{max}} = 320 \ \text{K} \quad \text{max. Betriebstemperatur} \ ,$$
$$\Theta_{\text{min}} = 260 \ \text{K} \quad \text{min. Betriebstemperatur} \ .$$

Die Vorfülltemperatur beträgt $\Theta_0 = 290$ K. Als allgemeine Bedingungen sind gegeben:

$$p_0/p_1 \leq 0,9 \ ; \quad p_2/p_3 \leq 0,95 \ ,$$

und als anlagenspezifische Bedingung wird gefordert:

$$\Delta p \leq (\Delta p)_{\text{zul}} = 80 \ \text{bar} \ .$$

Welches effektive Gasvolumen und welcher Vorfülldruck ist zu wählen? Vom Hersteller stehen für den Druckbereich folgende Größen mit dem effektiven Gasvolumen zur Verfügung:

$$V_0 = 17,8 \ ; \ 30,0; \ 48,5 \ 1 \ .$$

Zur Anwendung des Auslegungsdiagramms im Bild 7.5 sind zunächst die Parameter C, K zu ermitteln. Gemäß Beziehung (7.13) ergeben sie sich zu

$$C = 1,1 \; ; \quad K = 1,29 \quad ,$$

womit die 1. Restriktionskurve im Bild 7.5 feststeht. Die 2. Restriktion folgt aus der Beziehung (7.18) zu

$$\frac{p_0}{p_3} \geq 0,45$$

und ist bei dieser Abszisse als Senkrechte ins Bild 7.5 einzuzeichnen. Dann werden gemäß den zur Verfügung stehenden effektiven Gasvolumina Parallelen bei den Ordinaten

$$\frac{W_{12erf}}{p_3 \, V_0} = 0,252; \; 0,150; \; 0,093$$

ins Bild 7.5 eingezeichnet. Man stellt fest, daß der kleinste Hydrospeicher die Anforderungen nicht erfüllt. Der mittlere Hydrospeicher erfüllt die Anforderungen. Das Druckverhältnis kann zwischen den Grenzwerten

$$\frac{p_0}{p_3} = 0,45\dots 0,56$$

und dementsprechend der Vorfülldruck

$$p_0 = 72,0\dots 89,6 \text{ bar}$$

gewählt werden. Beim unteren Grenzwert steht mehr Energie zur Verfügung, beim oberen ist die Arbeitsdruckdifferenz kleiner als der zulässige Wert.

Die Spezifikationen in den obigen Beispielen wurden ohne Berücksichtigung bauartspezifischer Bedingungen ermittelt. Die Überprüfung, ob die gewählten Spezifikationen auch den bauartspezifischen Bedingungen genügen, sollte zweckmäßigerweise nachträglich vorgenommen werden. Als bauartspezifische Bedingungen sind zu beachten, daß das gewählte Druckverhältnis größer und der Volumennutzungsgrad kleiner sind als die zulässigen Werte, die vom Hersteller genannt werden. Vor allem beim Transfer-System muß beachtet werden, daß das maximalmögliche Ölvolumen im Betrieb kleiner ist als das effektive Gasvolumen des Transferspeichers V_0.

7.4 Auslegung im realen Fall

Zunächst müssen für den realen Fall folgende Annahmen getroffen werden, um den Umfang der Ergebnisse zu reduzieren:

1) Die Vorfülltemperatur beträgt Θ_0 = 288 K (15 °C) entsprechend dem
Toleranzbereich der CETOP-Empfehlung [77].

2) Für allgemeine Bedingungen gelten immer

$$\frac{p_2}{p_3} \leq 0,95 \quad ; \quad \frac{p_0}{p_3} \leq 0,9 \quad .$$

Im realen Fall ist die Ableitung einer analytischen Beziehung für die
1. Restriktion nicht möglich. Der Verlauf der Restriktionskurve muß in
Abhängigkeit von geeigneten Parametern angegeben werden. Hierfür bieten
sich als Parameter der maximale Betriebsdruck p_3 an und das Verhältnis
der maximalen Betriebstemperatur Θ_{max} zur Vorfülltemperatur Θ_0. Die Ergebnisse für die 1. Restriktionskurve bei dem Ölvolumen bzw. der Energie
sind als Auslegungsdiagramme in den in folgender Aufstellung angegebenen
Bildern mit p_3 als Parameter dargestellt:

Temperaturverhältnis	Ölvolumen	Energie
Θ_{max}/Θ_0 = 1,0	Bild 7.6 A	Bild 7.6 B
Θ_{max}/Θ_0 = 1,1	Bild 7.7 A	Bild 7.7 B
Θ_{max}/Θ_0 = 1,2	Bild 7.8 A	Bild 7.8 B

In allen Bildern ist auch der Verlauf der Restriktionskurve im idealen
Fall für

$$p_2/p_3 = 0,95 \quad ; \quad p_0/p_1 = 0,9$$

und den jeweiligen Θ_{max}/Θ_0-Wert eingezeichnet.

Die 2. Restriktionskurve folgt im realen Fall aus der Beziehung

$$\frac{p_0}{p_3} \geq \frac{\frac{p_{0m}}{p_{1m}}}{\frac{p_{0m}}{p_0}} \left[\frac{p_2}{p_3} - \frac{(\Delta p)_{zul}}{p_3} \right] \quad . \tag{7.19}$$

In dieser Beziehung ist die Größe p_{0m}/p_0 unbekannt. Ist gerade Θ_{min}/Θ_0=1,
so gilt auch p_{0m}/p_0 = 1 . Ist es nicht der Fall, so muß die Größe p_{0m}/p_0
zunächst ermittelt werden. p_{0m}/p_0 ist nicht wie im idealen Fall nur vom
Temperaturverhältnis abhängig, sondern auch vom Vorfülldruck p_0 und von
der Vorfülltemperatur Θ_0, die, wie eingangs erwähnt, mit Θ_0 = 288 K als
konstant angenommen wird. Ein erster Näherungswert für p_{0m}/p_0 folgt aus

$$\frac{p_{0m}}{p_0} = \frac{T_m}{T_0} \quad .$$

Und mit diesem Wert erhält man aus Beziehung (7.19) einen ersten Wert
für das Druckverhältnis p_0/p_3 und damit für den Vorfülldruck p_0, weil
bekanntlich der maximale Betriebsdruck p_3 vorliegt. Mit dem ersten Wert

84

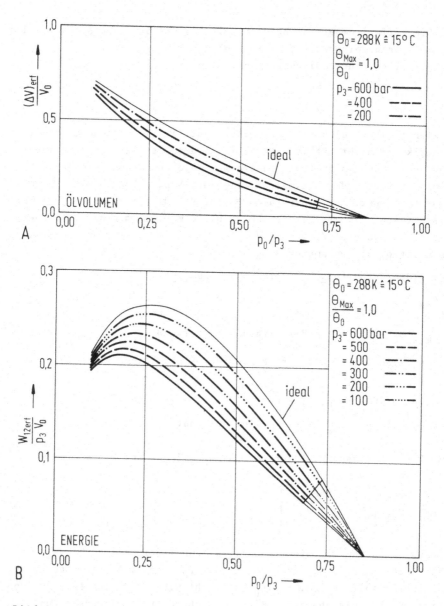

Bild 7.6. Auslegungsdiagramm für Ölvolumen und Energie im realen Fall
$(\Theta_{max}/\Theta_0 = 1,0)$

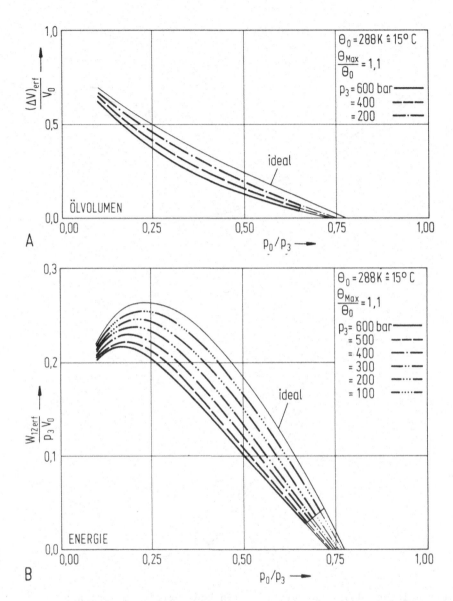

Bild 7.7. Auslegungsdiagramm für Ölvolumen und Energie im realen Fall
($\Theta_{max}/\Theta_0 = 1,1$)

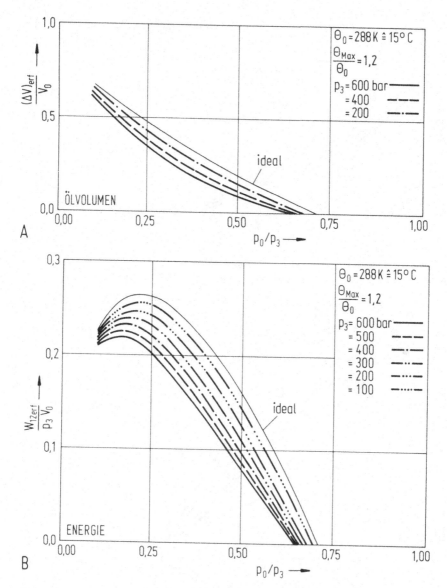

Bild 7.8. Auslegungsdiagramm für Ölvolumen und Energie im realen Fall (Θ_{max}/Θ_0 = 1,2)

des Vorfülldrucks kann man aus Bild 7.9 in Abhängigkeit vom Temperatur-verhältnis T_m/T_0 den zweiten Näherungswert von p_{0m}/p_0 ermitteln. Diese zweite Näherung in (7.19) eingesetzt, liefert dann für das Druckverhält-nis p_0/p_3 einen so genauen Wert, daß er als exakter Wert aufgefaßt wer-den kann, d. h., daß man keinen weiteren Iterationsschritt mehr benö-tigt.

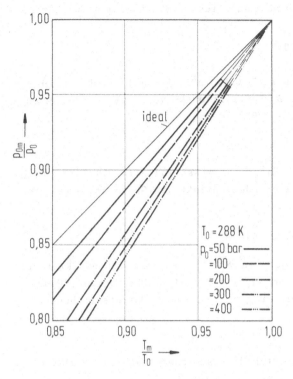

Bild 7.9. Die Abhängigkeit $p_{0m}/p_0 = f(T_m/T_0)$

Drei Beispiele sollen die Anwendung der Auslegungsdiagramme im realen Fall demonstrieren:

Beispiel 7.3:

In einer hydraulischen Anlage wird ein Ölvolumen von $(\Delta V)_{erf}$ = 18 l benötigt. Als anlagenspezifische Kenngrößen sind gegeben:

p_3 = 600 bar   max. Betriebsdruck
Θ_{max} = 345 K   max. Betriebstemperatur
Θ_{min} = 288 K   min. Betriebstemperatur

Die Vorfülltemperatur beträgt Θ_0 = 288 K. Als allgemeine Bedingungen sind gegeben:

$p_0/p_1 \leq 0,9$; $p_2/p_3 \leq 0,95$,

und als anlagenspezifische Bedingung wird gefordert:

$\Delta p \leq (\Delta p)_{zul}$ = 360 bar .

Die Spezifikationen des Hydrospeichers sind auszuwählen. Vom Hersteller stehen folgende Größen an effektivem Gasvolumen zur Verfügung:

$$V_0 = 30,0; \; 48,5; \; 73,0 \; l \quad .$$

Mit $\Theta_{max}/\Theta_0 = 1,2$ ist im Bild 7.8 A die 1. Restriktionskurve für $p_3 = 600$ bar bekannt. Die 2. Restriktionskurve folgt aus Beziehung (7.19) mit $p_{0m}/p_0 = T_m/T_0 = 1,0$

$$\frac{p_0}{p_3} \geq 0,33$$

und ist als Senkrechte bei dieser Abszisse ins Bild 7.8 A einzutragen. Dann werden gemäß den vorliegenden, effektiven Gasvolumina bei den Ordinaten

$$\frac{(\Delta V)_{erf}}{V_0} = 0,40; \; 0,25; \; 0,164$$

Parallelen ins Bild 7.8 A gezogen. Man stellt fest, daß der kleinste Hydrospeicher die Anforderungen nicht erfüllt. Der mittlere Hydrospeicher erfüllt die Anforderungen ganz genau. Dementsprechend wäre ein Vorfülldruck

$$p_0 = 198 \text{ bar}$$

zu wählen. Bei Wahl des größten Hydrospeichers kann das Druckverhältnis im Bereich

$$p_0/p_3 = 0,33...0,41$$

und damit der Vorfülldruck

$$p_0 = 198...246 \text{ bar}$$

gewählt werden.

Beispiel 7.4:

In einer hydraulischen Anlage wird eine Energie von $W_{12erf} = 750$ kJ benötigt. Folgende anlagenspezifische Kenngrößen sind gegeben:

$$p_3 = 330 \text{ bar} \quad \text{max. Betriebsdruck},$$
$$\Theta_{max} = 330 \text{ K} \quad \text{max. Betriebstemperatur},$$
$$\Theta_{min} = 260 \text{ K} \quad \text{min. Betriebstemperatur}.$$

Die Vorfülltemperatur beträgt $\Theta_0 = 288$ K. Als allgemeine Bedingungen sind gegeben:

$$p_2/p_3 \leq 0,95 \; ; \quad p_0/p_1 \leq 0,9 \quad .$$

Als anlagenspezifische Bedingung wird gefordert:

$$\Delta p \leq (\Delta p)_{zul} = 180 \text{ bar} \quad .$$

Welche Hydrospeicherspezifikationen sind zu wählen? Vom Hersteller
stehen folgende Größen an effektivem Gasvolumen zur Verfügung:

V_0 = 48,5; 73,0 l .

Wegen Θ_{max}/Θ_0 = 1,15 müssen sowohl Bild 7.7 B als auch Bild 7.8 B
als Auslegungsdiagramme zur Ermittlung der 1. Restriktionskurve
herangezogen werden. Zu diesem Zweck zeichnet man in jedes Bild die
Restriktionskurve für p_3 = 330 bar und ermittelt aus beiden näherungsweise die 1. Restriktionskurve für Θ_{max}/Θ_0 = 1,15.

Die 2. Restriktionskurve muß iterativ ermittelt werden. Mit

$$\frac{p_{0m}}{p_0} = \frac{T_m}{T_0} = 0,9$$

folgt aus (7.19) als erster Näherungswert für das Druckverhältnis

p_0/p_3 = 0,405

und damit als ersten Wert für den Vorfülldruck

p_0 = 133,5 bar .

Aus Bild 7.9 folgt für T_m/T_0 = 0,9 und für p_0 = 133,5 bar der zweite Näherungswert für p_{0m}/p_0 mit

p_{0m}/p_0 = 0,87 .

Dieser Wert in (7.19) eingesetzt, ergibt das genaue Druckverhältnis
für die 2. Restriktion

$p_0/p_3 \geq 0,42$,

bei dem die Senkrechte ins Bild einzuzeichnen ist.

Die Parallelen durch die Ordinaten gemäß den Volumina V_0 = 48,5;
73,0 l führen nicht in den zulässigen Bereich im Auslegungsdiagramm. Erst zwei Hydrospeicher mit je 73 l (d. h. V_0 =146 l) ergeben
Ordinatenwert von

$$\frac{W_{12erf}}{p_3 V_0} = 0,156 \ ,$$

und die Parallele durch diesen Wert führt gerade noch in den zulässigen Bereich. Das Druckverhältnis kann im Bereich

p_0/p_3 = 0,42...0,43

und damit der Vorfülldruck

p_0 = 138...142 bar

gewählt werden.

Beispiel 7.5:

In einer hydraulischen Anlage wird ein Ölvolumen von $(\Delta V)_{erf} = 135$ l benötigt. Als anlagenspezifische Kenngrößen sind gegeben:

$p_3 = 350$ bar   max. Betriebsdruck ,

$\Theta_{max} = 345$ K   max. Betriebstemperatur ,

$\Theta_{min} = 288$ K   min. Betriebstemperatur .

Die Vorfülltemperatur beträgt $\Theta_0 = 288$ K. Als allgemeine Bedingungen gelten:

$p_0/p_1 \leq 0,9$; $p_2/p_3 \leq 0,95$,

und als anlagenspezifische Bedingung wird gefordert:

$\Delta p \leq (\Delta p)_{zul} = 150$ bar .

Die Spezifikationen für ein Transfer-System sind auszuwählen. Als Transfer-Speicher stehen Kolbenspeicher mit effektivem Gasvolumen $V_0 = 50$ l zur Verfügung. Gasbehälter zur Nachschaltung liegen in 50 l-Größen vor.

Mit $\Theta_{max}/\Theta_0 = 1,2$ steht im Bild 7.8 A die 1. Restriktionskurve für $p_3 = 350$ bar fest. Die 2. Restriktion ergibt sich aus der Beziehung (7.19) mit

$$\frac{p_{0m}}{p_0} = \frac{T_m}{T_0} = 1,0$$

zu

$p_0/p_3 \geq 0,47$.

V_0 ist so zu wählen, daß $(\Delta V)_{erf}/V_0$ kleiner ist als die Ordinate des Schnittpunkts beider Restriktionskurven 0,15, d. h. es muß gelten:

$$V_0 \geq \frac{(\Delta V)_{erf}}{0,15} = 900 \text{ l} .$$

Das gesamte effektive Gasvolumen von 900 l ist also aus 18 jeweils 50 l des erforderlichen Gasvolumens enthaltenden Kolbenspeichern und Gasbehältern zusammenzustellen. Die Spezifikationen des Transfer-Systems lauten demnach:

$p_0 = 164$ bar ; $V_0 = 900$ l .

Welcher Anteil des Gesamtvolumens mit Kolbenspeichern gedeckt werden muß, läßt sich wie folgt beantworten.

Anhand von Bild 7.1 kann man schließen, daß das größtmögliche Ölvolumen bei minimaler Betriebstemperatur und isothermer Zustandsänderung vorliegt. Dieses Volumen muß noch von den Kolbenspeichern gefaßt werden. Die Größe dieses Volumens läßt sich aus Bild 6.17 A ermitteln. Für das Druckverhältnis

$$\frac{p_{0m}}{p_3} = 0,47$$

folgt daraus der Volumenfaktor

$$\nu_K = -0,44 \ ,$$

und gemäß Beziehung (6.44) ergibt sich das größte Ölvolumen zu

$$\Delta V = \nu_K \ V_0 = -0,44 \ 900 = -396 \ 1 \ .$$

Mit 50 1-Nennvolumen sind also insgesamt 8 Kolbenspeicher zu wählen. Dieses Volumen wurde für die ungünstigsten Betriebsbedingungen ermittelt. In der Regel kommt man mit kleinerem Kolbenspeicher-Gesamtvolumen aus.

8 Modellierung des Hydrospeichers – Simulationsauslegung

8.1 Beweggründe zur Modellierung

Bei der bisherigen Behandlung des Hydrospeichers wurde der Bedarf der hydraulischen Anlage als Ölvolumen oder Energie ohne Zeitbezug vorausgesetzt und das Verhalten des Energieträgers bezüglich der Art der Zustandsänderungen unter Voraussetzung bestimmter Annahmen beschrieben. So wurde beim isochoren Wärmeaustausch vollständiger Temperaturausgleich mit der Umgebung vorausgesetzt, und beim Arbeitsaustausch wurde angenommen, daß die Zustandsänderung isotherm, polytrop oder adiabat sei. Es wurde jedoch auch darauf hingewiesen, daß es schwierig zu definieren ist, unter welchen Bedingungen welche Art der Zustandsänderung angenommen werden sollte. Diese Schwierigkeit geht vor allem auf den Wärmeaustauschvorgang zwischen der Gasfüllung und der Umgebung zurück. Welche Art der Zustandsänderung auftritt, hängt neben der Dauer des Austauschvorgangs auch von der Intensität des Wärmeübergangs sowie von der Bauart, der Größe (Volumen) und dem Druck des Hydrospeichers ab. Wird trotzdem über die Art der Zustandsänderung eine Annahme getroffen und eine Auslegung der Spezifikationen vorgenommen, so läuft man Gefahr, daß der Hydrospeicher im Betrieb die Anforderungen der hydraulischen Anlage nicht mehr erfüllt. Es liegt daher nahe, den Wärmeaustauschvorgang an der Gasfüllung näher zu berücksichtigen. Zu diesem Zweck wird in diesem Kapitel ein Hydrospeicher-Modell gebildet, das den Arbeits- und Wärmeaustauschvorgang an der Gasfüllung beschreibt. Wird auch das Realgasverhalten des Stickstoffs einbezogen, so kann man mit einem solchen Modell eine Simulationsauslegung vornehmen, die den Anforderungen der Praxis am genauesten Rechnung trägt.

Ein weiterer wichtiger Aspekt zur näheren Betrachtung des Wärmeaustauschvorgangs ist die Tatsache, daß der Wirkungsgrad des Hydrospeichers als Energiespeicher auf die thermischen Verluste beim Wärmeaustausch der Gasfüllung mit der Umgebung zurückgeht. Aufgrund des Wärmeaustauschs wird bei einem Arbeitszyklus weniger Arbeit abgegeben als aufgenommen. Wenn es also um den Wirkungsgrad des Hydrospeichers in einem Arbeitszyklus geht, müssen der Wärmeaustausch hinreichend genau erfaßt, die Einflußgrößen auf den Wirkungsgrad geklärt werden. Unter Umständen kann man dann durch eine bewußte Wahl der Hydrospeicherspezifikationen den Wärmeaustausch so beeinflussen, daß ein hoher Wirkungsgrad erzielt wird.

8.2 Modell

Das im folgenden vorgestellte Hydrospeicher-Modell wurde zuerst von Otis [29] vorgeschlagen. Otis geht von der zeitlichen Ableitung des 1. Hauptsatzes der Thermodynamik (Prinzip der Energieerhaltung) aus:

$$\dot{Q} = \dot{W} + \dot{U} \ . \tag{8.1}$$

Für den Wärmestrom $\dot{Q}$ zwischen Gas und Umgebung wird die Wärmeübergangsgleichung

$$\dot{Q} = \alpha\, A\, (\Theta - T) \tag{8.2}$$

verwendet, wobei α der Wärmeübergangskoeffizient, A die Wärmeübergangsfläche, Θ die Umgebungs- und T die Gastemperatur darstellen. Für den Arbeitsstrom (Leistung) $\dot{W}$ wird die Beziehung

$$\dot{W} = p\, \dot{V} \tag{8.3}$$

gesetzt, wobei $\dot{V}$ die zeitliche Änderung des Gasvolumens bedeutet. $\dot{V}$ ist dem Ölstrom $q_S(t)$ an Betrag und Vorzeichen gleich

$$\dot{V} = q_S(t) \ , \tag{8.4}$$

wenn das Vorzeichen des aus dem Hydrospeicher austretenden Ölstroms als positiv vereinbart wird. Der Ölstrom $q_S(t)$ wird als vorgegeben vorausgesetzt. Für die zeitliche Änderung der inneren Energie $\dot{U}$ wird die Beziehung

$$\dot{U} = m\, c_v\, \dot{T} \tag{8.5}$$

angenommen, wobei $\dot{T}$ die zeitliche Änderung der Gastemperatur ist. m bedeutet die Gasmasse, c_v die spezifische Wärmekapazität bei konstantem Volumen.

Durch die Einführung einer sog. thermischen Zeitkonstante

$$\tau = \frac{m\, c_v}{\alpha\, A} \tag{8.6}$$

erhält man aus den Beziehungen (8.1) bis (8.4) das mathematische Modell eines Hydrospeichers unter Berücksichtigung des Arbeits- und Wärmeaustauschvorgangs:

$$\frac{1}{\tau} (\Theta - T) = \frac{p\, \dot{V}}{m\, c_v} + \dot{T} \ . \tag{8.7}$$

Folgende Annahmen wurden bei der Ableitung dieses Modells getroffen:

1) Die Umgebung (Trennglied, Speicherbehälter, Öl) hat eine so hohe Wärmekapazität, daß ihre Temperatur vom Wärmeaustausch nicht beeinflußt wird.

2) Stickstoff weist Idealgasverhalten auf, d. h., daß die spezifische innere Energie nur von der Temperatur abhängt und die spezifische Wärmekapazität bei konstantem Volumen c_v konstant ist.

3) Die Wärmeübergangsfläche A bleibt während der Zustandsänderung konstant, was z. B. vor allem bei Kolbenspeichern nicht der Fall ist.

Die Anwendung des Modells (8.7) setzt die Kenntnis der thermischen Zeitkonstante τ, auf die im nächsten Abschnitt näher eingegangen wird, für den verwendeten Hydrospeicher voraus. Wurde diese Zeitkonstante einmal bestimmt, so läßt sich das Modell für beliebige Arbeitszyklen verwenden. Das ist ein bedeutender Vorteil. Würde man im Gegensatz zum Modell (8.7) mit Polytropenexponenten den Wärmeaustausch an der Gasfüllung zu erfassen versuchen, müßte man für jede Phase des Arbeitszyklus mit einem anderen Polytropenexponenten arbeiten, der unter Berücksichtigung der jeweiligen Ölströme, der Speicherbauart, Speichergröße und Vorfülldruck zunächst ermittelt bzw. abgeschätzt werden muß.

Otis [29] hat auch ein Hydrospeicher-Modell angegeben, das das Realgasverhalten von Stickstoff berücksichtigt. Bei einem realen Gas ist die spezifische innere Energie nicht nur temperaturabhängig. Sie muß mit einer geeigneten kalorischen Zustandsgleichung, z. B. mit

$$ du = c_v \, dT + \left[T \left(\frac{\partial p}{\partial T} \right)_V - p \right] dv \, , \qquad (8.8) $$

berücksichtigt werden. Aus dieser Gleichung folgt für die innere Energie bezogen auf das Zeitelement

$$ \dot{U} = m \left\{ c_v \, \dot{T} + \left[T \left(\frac{\partial p}{\partial T} \right)_V - p \right] \dot{v} \right\} \qquad (8.9) $$

In den Beziehungen (8.8) bzw. (8.9) ist die spezifische Wärmekapazität bei konstantem Volumen c_v keine Konstante mehr, sondern druck- und temperaturabhängig. Im Gegensatz zu Otis [29] wird sie hier durch ein zweidimensionales Ausgleichspolynom der Form

$$ c_v = \sum_{l=1}^{3} \sum_{k=1}^{3} c_{kl} \, p^{k-1} \, T^{l-1} \qquad (8.10) $$

berücksichtigt. Ihre Koeffizienten c_{kl} lassen sich anhand der Daten von Din [83] ermitteln.

Der Ausdruck in den eckigen Klammern der Beziehung (8.8) bzw. (8.9) muß
über eine thermische Zustandsgleichung für reale Gase ermittelt werden.
Die Beattie-Bridgman-Gleichung beschreibt das Realgasverhalten von
Stickstoff im interessierenden Druck- und Temperaturbereich mit hinreichender Genauigkeit. Sie lautet:

$$p = \frac{R\,T}{v^2}\left(1 - \frac{C}{v\,T^3}\right)\left[v + B_0\left(1 - \frac{b}{v}\right)\right] - \frac{A_0}{v^2}\left(1 - \frac{a}{v}\right) \quad .$$ (8.11)

R, A_0, B_0, a, b, C sind die Konstanten dieser Gleichung. Für Stickstoff
betragen sie:

$$R = 2,9677.10^{-3} \frac{bar\ m^3}{kg\ K} \quad ,$$

$$A_0 = 1,7412.10^{-3} \frac{bar\ m^6}{kg^2} \quad ,$$

$$B_0 = 1,8007.10^{-3}\ m^3/kg \quad ,$$

$$a = 9,3375.10^{-4}\ m^3/kg \quad ,$$

$$b = -2,4736.10^{-4}\ m^3/kg \quad ,$$

$$C = 5,0948.10^{-8} \frac{m^3\ K^3}{kg} \quad .$$

Beziehungen (8.2), (8.3) und (8.9) in Gleichung (8.1) eingesetzt, ergeben
unter Verwendung von (8.11) nach einigen Umformungen das folgende mathematische Modell:

$$\frac{1}{\tau}\frac{\bar{c}_v}{c_v}(\Theta - T) = \frac{p}{c_v}\dot{v} + \dot{T} + \frac{1}{c_v}\left[\frac{A_0}{v^3}\left(v - a\right) + \frac{3\,R\,C}{v^4\,T^2}\left(v^2 + B_0\,v - B_0\,b\right)\right]\dot{v} \quad .$$ (8.12)

In diesem Modell ist $\bar{c}_v$ der Mittelwert der spezifischen Wärmekapazität
bei konstantem Volumen im interessierenden Druck- und Temperaturbereich.
Die thermische Zeitkonstante τ ist mit diesem Mittelwert $\bar{c}_v$

$$\tau = \frac{m\,\bar{c}_v}{\alpha\,A}$$ (8.13)

definiert.

Durch den Übergang von Differential- zu Differenzenquotienten folgt aus
dem Modell (8.12) die Beziehung

$$\Delta T = \frac{\bar{c}_v}{c_v}(\Theta - T)\frac{\Delta t}{\tau} - \frac{p}{c_v}\Delta v - \frac{1}{c_v}\left[\frac{A_0}{v^3}\left(v - a\right) + \frac{3\,R\,C}{v^4\,T^2}\left(v^2 + B_0\,v - B_0\,b\right)\right]\Delta v \quad .$$ (8.14)

Außerdem bestehen folgende Differenzengleichungen:

$$\Delta v = \frac{\dot{V}}{m} \, \Delta t \quad , \tag{8.15}$$

$$v = \frac{V(t_0)}{m} + \sum_{i=1}^{n} \Delta v \quad , \tag{8.16}$$

$$T = T(t_0) + \sum_{i=1}^{n} \Delta T \quad , \tag{8.17}$$

$$t = t_0 + \sum_{i=1}^{n} \Delta t \quad . \tag{8.18}$$

Die Beziehungen (8.14) bis (8.18) bilden die Grundlage von Rechenmodellen zur Simulation des Hydrospeichers.

8.3 Thermische Zeitkonstante

Nach der Definitionsgleichung (8.6) bzw. (8.13) hängt die thermische Zeitkonstante τ von der Gasmasse m, von der spezifischen Wärmekapazität bei konstantem Volumen c_v, vom Wärmeübergangskoeffizienten α und von der Wärmeübergangsfläche A ab. Idealgasverhalten in erster Näherung und eine konstante Vorfülltemperatur T_0 vorausgesetzt, ist die Gasmasse dem Produkt aus dem effektiven Gasvolumen V_0 und dem Vorfülldruck p_0 proportional. Insofern steht die thermische Zeitkonstante auch mit den Spezifikationen des Hydrospeichers über die Beziehung

$$\tau = p_0 \, \frac{V_0}{A} \, \frac{c_v}{R \, T_0} \, \frac{1}{\alpha} \tag{8.19}$$

in Zusammenhang.

Die Ermittlung der thermischen Zeitkonstante nach Beziehung (8.6), (8.13) bzw. (8.19) ist zwar möglich, jedoch ist der Wärmeübergangskoeffizient α noch unbekannt. Im Prinzip hängt α von den Strömungsverhältnissen an der Wärmeübergangsfläche und von temperaturabhängigen Stoffgrößen ab. Eine analytische Beziehung für α anzugeben, ist jedoch aufgrund der komplizierten Wärmeübergangsverhältnisse schwer möglich.

Die thermische Zeitkonstante τ läßt sich jedoch mit einem einfachen Experiment bestimmen. Bei diesem Experiment läßt man die Gasfüllung nach einem schnellen Ladevorgang isochor abkühlen (Bild 8.1). Die isochore Abkühlung wird nach dem Modell (8.7) mit der Beziehung

$$\frac{1}{\tau} \, (\Theta - T) = \frac{dT}{dt} \tag{8.20}$$

beschrieben. Die Integration dieser Differentialgleichung liefert

$$\frac{T - \Theta}{T_0 - \Theta} = e^{-\frac{t}{\tau}} , \qquad (8.21)$$

wobei T_0 die Gastemperatur zu Anfang der isochoren Zustandsänderung darstellt. Die Zeitkonstante ist dann die Zeit, in der das Verhältnis
$(T - \Theta)/(T_0 - \Theta)$ vom Wert 1 auf den Wert 0,368 abgefallen ist (Bild 8.2).
Zur Bestimmung der Zeitkonstanten kann man genausogut auch den relativen
Druckabfall $(p - p_1)/(p_0 - p_1)$ heranziehen, da für eine isochore Abkühlung
die Gleichung

$$\frac{p - p_1}{p_0 - p_1} = \frac{T - \Theta}{T_0 - \Theta}$$

besteht. Dabei ist p_0 der Druck zu Anfang und p_1 zu Ende der isochoren
Zustandsänderung.

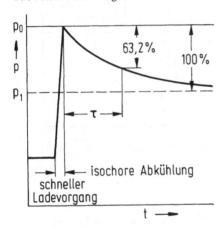

Bild 8.1. Versuch zur Ermittlung
der thermischen Zeitkonstante
(aus [31])

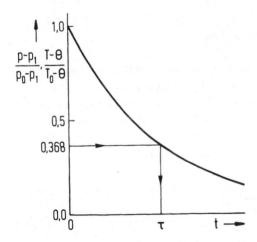

Bild 8.2. Relativer Druck- oder
Temperaturabfall zur Bestimmung der
thermischen Zeitkonstante (aus [29])

In der Tabelle 8.1 sind die auf diese Weise ermittelten Zeitkonstanten einiger Hydrospeicher aus Messungen des Verfassers und von Otis [27] zusammengestellt. Bei den Ergebnissen von Otis fällt auf, daß bei ein und demselben Hydrospeicher die Zeitkonstante mit dem Vorfülldruck nicht direkt proportional wächst, wie es nach Beziehung (8.19) sein sollte, sondern degressiv. Das ist zum Teil darin begründet, daß der Wärmeübergangskoeffizient α druckabhängig ist.

Tabelle 8.1. Zeitkonstanten von einigen Hydrospeichern (teils aus [27])

Bauart	Eff. Gasvolumen V_0 [1]	Vorfülldruck p_0 [bar]	Zeitkonstante τ [s]	Quelle
Membran	0,25 0,75	30 40	~3 ~7	Aus eigener Messung
Kolben	2,5	21 34 52 69 86	11,8 14,7 16,2 18,3 25,3	Aus [27]

8.4 Simulationsauslegung

In diesem Abschnitt wird eine Anpassung des Hydrospeicher-Modells (8.14) bis (8.18) für ein Simulationsprogramm zur Auslegung vorgenommen. Dabei wird von dem im Abschnitt 7.2 angegebenen Auslegungsfall ausgegangen. Jedoch lassen sich mit Hilfe des Modells auch für andere Auslegungsfälle entsprechende Simulationsprogramme erstellen.

Der betrachtete Auslegungsfall sei hier noch einmal erläutert, weil im Gegensatz zum Abschnitt 7.2 eine Änderung vorgenommen wird: Wurde der Bedarf der hydraulischen Anlage im Kapitel 7 ohne Zeitbezug als Ölvolumen vorgegeben, so wird er nun als am Hydrospeicher wirksamer Ölstrom $q_S(t)$ über den Arbeitszyklus definiert (Bild 8.3). Dieser Bedarf soll unter Berücksichtigung der anlagenspezifischen Kenngrößen

- p_3 Maximaler Betriebsdruck
- Θ_{max} Maximale Betriebstemperatur
- Θ_{min} Minimale Betriebstemperatur

gedeckt werden. Als anlagenspezifische Bedingung ist gefordert, daß die Ar-
Arbeitsdruckdifferenz Δp einen vorgegebenen zulässigen Wert nicht über-
schreitet:

- $\Delta p \leq (\Delta p)_{zul}$

Es sind außerdem die allgemeinen Bedingungen gemäß Abschnitt 5.1 zu erfüllen, wie z. B.

- $\frac{p_0}{p_1} \leq 0,9$; $\frac{p_2}{p_3} \leq 0,95$

Dabei können die zulässigen Werte im Gegensatz zur Auslegung im Abschnitt 7.4 beliebig gewählt werden. Bei obigen Anforderungen sind die
Spezifikationen des Hydrospeichers p_0, V_0 auszuwählen.

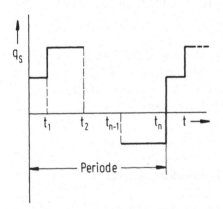

Bild 8.3. Ölstrombedarf am Hydrospeicher bei der Simulationsauslegung

Im Simulationsprogramm werden folgende Vereinbarungen bzw. Annahmen vorausgesetzt:

1) Der Ölstrombedarf $q_S(t)$ ist über den Arbeitszyklus als eine Treppen-
   funktion (stückweise konstante Funktion) hinreichend genau beschreib-
   bar. Das Programm beschränkt sich auf maximal 10 Werte pro Zyklus.
   Über den Arbeitszyklus integriert, muß der Ölstrombedarf den Wert
   Null ergeben (Bild 8.3).

2) Für die im Herstellerangebot vorliegenden Baugrößen (d. h. effektive
   Gasvolumina) sind jeweils die thermische Zeitkonstante und der Vorfülldruck, bei dem sie gemessen wurde, bekannt.

3) Da der Vorfülldruck bei der Messung der thermischen Zeitkonstante mit
   dem für den Anwendungsfall zu wählenden Vorfülldruck nicht identisch
   ist, muß die Zeitkonstante bei der Auslegungsprozedur entsprechend
   der Variation des Vorfülldrucks neu bestimmt werden. Zu diesem Zweck

wird folgender Zusammenhang

$$\frac{\tau}{\tau_{Mes}} = \left(\frac{p_0}{p_{0Mes}}\right)^{0,5} \qquad (8.22)$$

herangezogen. Dabei ist τ_{Mes} die aus der Messung ermittelte Zeitkonstante und p_{0Mes} der dabei gewählte Vorfülldruck.

Dem Simulationsprogramm müssen als Eingabeparameter eine Reihe von möglichen effektiven Gasvolumina aus dem Herstellerangebot bereitgestellt werden. Das Programm wählt aus den eingegebenen Größen die bestgeeignete aus. Falls das gewählte V_0 größer ist als das effektive Gasvolumen, das den Bedarf ganz genau decken würde, wird der Vorfülldruck soweit gesteigert, daß der Bedarf in einem höheren Arbeitsdruckbereich ganz genau gedeckt wird. Das bedeutet dann, daß der minimale Arbeitsdruck im Betrieb über dem vorgegebenen minimal erforderlichen Wert liegt.

Ein Quellenprogramm in FORTRAN zur Simulationsauslegung für den genannten Auslegungsfall ist im Anhang B angegeben. Das Programm ist ausreichend kommentiert, so daß an dieser Stelle darauf nicht näher eingegangen zu werden braucht. Außerdem ist ein Anwendungsbeispiel angefügt.

8.5 Wirkungsgrad des Hydrospeichers aufgrund thermischer Verluste

Bei einem Arbeitszyklus unter Verwendung eines Hydrospeichers gibt es stets mehr oder weniger Wärmeaustausch zwischen der Gasfüllung und der Umgebung. Dieser Wärmeaustausch, der aufgrund einer Differenz zwischen der Gas- und der Umgebungstemperatur erfolgt, ist nach thermodynamischen Maßstäben ein irreversibler Vorgang und unweigerlich mit einem Arbeitsverlust verbunden. In einem p-V-Diagramm stellt sich dieser Verlust als die vom Kurvenzug der Zustandsänderung umschlossene Fläche dar (Bild 8.4). Im Zyklus ist die abgegebene Arbeit W_{21} kleiner als die aufgenommene Arbeit W_{12} und dementsprechend ist der Wirkungsgrad als

$$\eta = \frac{W_{21}}{|W_{12}|} \qquad (8.23)$$

definiert.

Die auftretenden Verluste werden in Form der Wärmeenergie an die Umgebung abgeführt (d. h. der Hydrospeicher arbeitet wie eine Wärmepumpe). Die dadurch eintretende Erhöhung der Umgebungstemperatur wird man in der Regel kaum wahrnehmen. Wenn jedoch ein außergewöhnlicher Temperaturanstieg auftritt, dann ist es auf diese Verluste zurückzuführen.

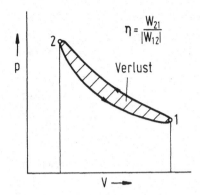

Bild 8.4. Thermische Verluste und Wirkungsgrad im p-V-Diagramm

Auf die Existenz thermischer Verluste beim Hydrospeicher hat schon Klein [21] aufmerksam gemacht. Für drei konstruierte Arbeitszyklen (s. Bild 8.5 A, B, C) hat er unter Voraussetzung eines Polytropenexponenten n einen Wirkungsgrad definiert. Die zugrundegelegten Zyklen bestehen aus folgenden Zustandsänderungen:

Zyklus I   : 1-2 Polytrope Kompression
             2-3 Isochore Abkühlung auf die Umgebungstemperatur
             3-4 Polytrope Expansion (mit dem gleichen Exponenten n)
             4-1 Isochore Erwärmung auf die Umgebungstemperatur

Zyklus II : 1-2 Isotherme Kompression
             2-3 Polytrope Expansion
             3-1 Isochore Erwärmung auf die Umgebungstemperatur

Zyklus III : 1-2 Polytrope Kompression
             2-3 Isochore Abkühlung auf die Umgebungstemperatur
             3-1 Isotherme Expansion

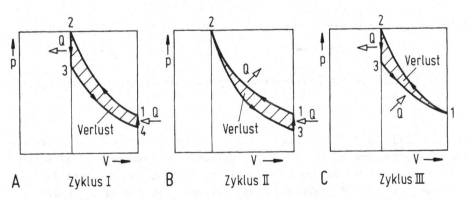

Bild 8.5. Arbeitszyklen mit thermischen Verlusten

Die jeweiligen Wirkungsgrade berechnen sich zu:

$$\eta = \left(\frac{p_1}{p_2}\right)^{\frac{n-1}{n}} \qquad \text{bei Zyklus I ,} \tag{8.24}$$

$$\eta = \frac{1}{1-n} \cdot \frac{1 - \left(\frac{p_1}{p_2}\right)^{n-1}}{\ln\left(\frac{p_1}{p_2}\right)} \qquad \text{bei Zyklus II ,} \tag{8.25}$$

$$\eta = \frac{n-1}{n} \cdot \frac{\ln\left(\frac{p_1}{p_2}\right)}{1 - \left(\frac{p_1}{p_2}\right)^{\frac{1-n}{n}}} \quad \text{bei Zyklus III .} \tag{8.26}$$

In den obigen Beziehungen bezeichnet p_1/p_2 das Druckverhältnis der Kompression. Im Bild 8.6 sind die Beziehungen (8.24) bis (8.26) für $n = \kappa$ (adiabat) dargestellt. Mit der Voraussetzung des adiabaten Exponenten geben die im Bild 8.6 angegebenen Wirkungsgrade die kleinstmöglichen Werte beim jeweiligen Druckverhältnis an. Zum Beispiel beträgt beim Zyklus I für das Druckverhältnis $p_1/p_2 = 0,4$ der kleinstmögliche Wirkungsgrad $\eta = 0,77$.

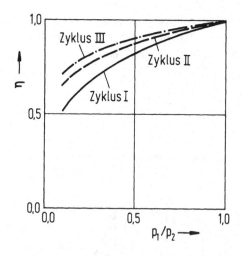

Bild 8.6. Verlauf der minimalen Wirkungsgrade für die drei Arbeitszyklen

Auch Otis [28] ist auf die Frage des Wirkungsgrades näher eingegangen. Seine Untersuchungen hatten zum Ziel, erstens den Zusammenhang zwischen dem Wirkungsgrad und dem Druckverhältnis zu klären, und zweitens die Beziehungen zwischen dem Wirkungsgrad, der Spezifikationen des Hydrospeichers und der Freuquenz des Arbeitszyklus herauszufinden.

In Bezug auf das erste Ziel hat Otis den Wirkungsgrad unter Voraussetzung eines sinusförmigen Ölstroms untersucht. Seine im Bild 8.7 dargestellten Ergebnisse zeigen, daß der Wirkungsgrad mit sinkendem Druckverhältnis abnimmt. Diese Aussage folgt auch aus den Beziehungen (8.24) bis (8.26).

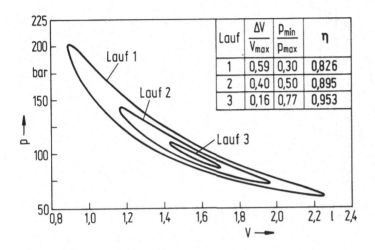

Lauf	$\dfrac{\Delta V}{V_{max}}$	$\dfrac{p_{min}}{p_{max}}$	η
1	0,59	0,30	0,826
2	0,40	0,50	0,895
3	0,16	0,77	0,953

Bild 8.7. Versuchsergebnisse von Otis [31] über den Wirkungsgrad bei unterschiedlichen Druckverhältnissen

Die Ergebnisse von Otis [13] in Bezug auf das zweite Ziel sind besonders hervorzuheben. Unter Verwendung seines Modells (8.14) bis (8.18) und unter Voraussetzung eines sinusförmigen Ölstroms fand Otis heraus, daß der Wirkungsgrad η am niedrigsten ist, wenn das Produkt aus der Frequenz f des Ölstroms und der thermischen Zeitkonstante τ des Hydrospeichers gerade $\frac{1}{2\pi}$ beträgt. Zur Erzielung hoher Wirkungsgrade müssen die Spezifikationen des Hydrospeichers so gewählt werden, daß die thermische Zeitkonstante τ entweder weit über $\frac{1}{2\pi f}$ oder weit darunter liegt. Mit Hilfe der Kreisfrequenz des Ölstroms ω ausgedrückt, heißt das:

$$\tau \, \omega \gg 1 \quad \text{oder} \tag{8.27}$$

$$\tau \, \omega \ll 1 \; . \tag{8.28}$$

Im Bild 8.8 veranschaulicht ein Ergebnis aus den Untersuchungen von Otis die obengenannten Aussagen.

Da die Kreisfrequenz des Ölstroms vom Einsatzfall her vorliegt, muß die Zeitkonstante des Hydrospeichers τ so gewählt werden, daß eine der Bedingungen (8.27) oder (8.28) möglichst erfüllt ist. Mit anderen Worten, die Spezifikationen sind so zu wählen, daß die Systemgrenze der Gasfül-

lung entweder möglichst wärmedicht (Bedingung (8.27)) oder möglichst
wärmedurchlässig (Bedingung (8.28)) ist. Auf die Abhängigkeit der thermischen Zeitkonstante von den Hydrospeicherspezifikationen wurde im Abschnitt 8.3 eingegangen.

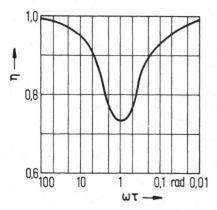

Bild 8.8. Wirkungsgrad des Hydrospeichers in Abhängigkeit von der
Zeitkonstante und der Kreisfrequenz des Ölstroms (aus [13])

Ein abschließendes Beispiel möge den praktischen Nutzen einer solchen
Betrachtung veranschaulichen:

Beispiel 8.1:

    In einem Stadtlinienbus mit Bremsenergierückgewinnung wird als
Bremsenergiespeicher ein Hydrospeicher eingesetzt, der bei der Be-
schleunigung Arbeit abgibt und bei der Verzögerung Arbeit aufnimmt.
Die Frequenz des Arbeitszyklus (eines Beschleunigung-Verzögerungs-
Vorgangs) beträgt $f = 0,025$ 1/s. Der verwendete Hydrospeicher hat
eine thermische Zeitkonstante von ca. $\tau = 100$ s. Kann man in diesem
Fall von einem hohen Wirkungsgrad des Hydrospeichers ausgehen?

    Es wird angenommen, daß der Ölstrom bei diesem Beschleunigung-Ver-
zögerungs-Vorgang näherungsweise sinusförmig ist. Die Kreisfrequenz
des Ölstroms beträgt:

    $\omega = 2 \pi f = 0,16$ rad/s .

Demnach ist das Produkt

    $\tau \omega = 16$ rad .

Da das Produkt weit über 1 liegt, ist ein relativ hoher Wirkungsgrad zu erwarten. Die Systemgrenze der Gasfüllung ist gemäß dem
Wert des Produkts als nahezu wärmedicht zu betrachten.

9 Maßnahmen zur Erhöhung der Energiekapazität

Das vorliegende Kapitel befaßt sich mit der Fragestellung, ob man bei
einem Hydrospeicher mit gegebenem Maximaldruck und Maximalvolumen (als
Restriktionen zu verstehen) durch bestimmte Maßnahmen die Energiekapazität erhöhen kann. Es ist bereits im Abschnitt 6.1.2.3 ausgeführt worden, daß die Energiekapazität eines Hydrospeichers bei gegebenem Maximaldruck und -volumen auch vom minimalen Arbeitsdruck - also auch mit-
telbar von der Wahl des Vorfülldrucks - abhängt, und zwar so, daß die
Energiekapazität in Abhängigkeit vom Arbeitsdruckverhältnis ein Maximum
durchläuft. Dort ist auch darauf hingewiesen worden, daß die isotherme
Zustandsänderung gegenüber dem adiabaten Fall eine höhere Energiespeicherung ermöglicht.

Mit diesem Hinweis ist bereits eine der möglichen Maßnahmen zur Erhöhung
der Energiekapazität eines Hydrospeichers genannt. Eine grundsätzlich
andere Maßnahme zur Erhöhung der Energiekapazität ist der Einsatz neuer
Energieträger im Hydrospeicher. Hier bieten sich vier Möglichkeiten an:

1) Einsatz von anderen Gasen als Stickstoff,
2) Einsatz von Gasgemischen,
3) Einsatz von kondensierbaren reinen Gasen,
4) Einsatz von kondensierbaren Gasgemischen.

Auf welche Art und Weise diese Maßnahmen zur Kapazitätserhöhung beitra-
gen können, läßt sich graphisch in einem p-V-Diagramm darstellen. Im
Bild 9.1 A ist eine adiabate und im Bild 9.1 B eine isotherme Zustandsänderung für Stickstoff als ideales Gas jeweils für den Fall der maximalen Energiespeicherung dargestellt, während im Bild 9.1 C eine mögliche
Zustandsänderung für einen neuen Energieträger dargestellt ist. Man
sieht, daß durch den Einsatz neuer Energieträger eine bemerkenswerte Erhöhung der Energiekapazität gegenüber dem Stickstoff erzielt werden
kann. Aus der graphischen Darstellung ist auch erkennbar, daß die Erhöhung der Energiekapazität mit einer Erhöhung des Ölvolumens und einer
Verminderung der Arbeitsdruckdifferenz einhergeht. Insofern kann der
Einsatz neuer Energieträger nicht nur zur Erhöhung der Energiekapazität,
sondern auch für bestimmte andere Anwendungsbereiche von Interesse sein.

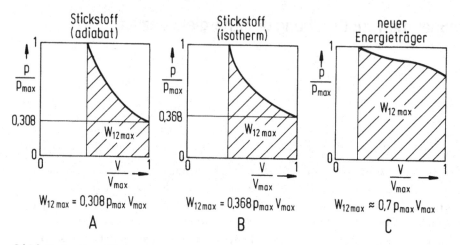

Bild 9.1. Zur Wirkung neuer Maßnahmen auf die Erhöhung der Energie-kapazität

Beim Einsatz eines neuen Energieträgers muß jedoch beachtet werden, daß man durch sonstige Eigenschaften des Energieträgers keine Nachteile in Kauf nimmt. Als solche seien genannt:

1) Diffusionseigenschaften (z. B. durch das Trennglied bzw. Dichtungen).

2) Empfindlichkeit des Energieträgers gegenüber den Schwankungen der Betriebstemperatur. So kann sich beispielsweise eine erhoffte Kapazitätserhöhung im Fall stark abweichender Betriebstemperatur ins Gegenteil wenden.

3) Chemische Affinität, d. h. der Energieträger geht chemische Verbindungen mit Trennglied, Gehäuse, Dichtung u. a. ein.

Im folgenden wird nach der Einführung einer Größe zur Beurteilung der erzielten Kapazitätserhöhung der Beitrag unterschiedlicher Maßnahmen zur Kapazitätserhöhung näher diskutiert.

9.1 Einführung einer Größe zur Beurteilung der erzielten Kapazitätssteigerung

Als Maß zur Beurteilung der erzielten Kapazitätserhöhung durch eine bestimmte Maßnahme bietet sich die Größe χ_{max} an, die als das Verhältnis der maximalen Energiespeicherung W_{12max} zum Druck-Volumen-Produkt $p_{max} V_{max}$

$$\chi_{max} = \frac{W_{12max}}{p_{max} V_{max}} \tag{9.1}$$

definiert ist und als maximale relative Energiekapazität bezeichnet werden kann. Größe χ_{max} kann per Definition höchstens den Wert 1 annehmen.

Eine Maßnahme ist umso erfolgsversprechender, je näher χ_{max} an 1 heran-
kommt.

Bei Voraussetzung eines diealen Gases ist die Größe χ_{max} bereits im Abschnitt 6.1.2.3 abgeleitet worden:

$$\chi_{max} = \kappa^{\frac{\kappa}{1-\kappa}} \qquad \text{adiabat ,} \qquad (9.2)$$

$$\chi_{max} = \frac{1}{e} = 0,368 \qquad \text{isotherm .} \qquad (9.3)$$

Im Falle von Stickstoff ($\kappa = 1,4$) beträgt bei adiabater Zustandsänderung
$\chi_{max} = 0,308$. Das heißt, die maximale Energiekapazität ist im isothermen
Fall um 19,5 % höher als im adiabaten Fall.

Wenn jedoch neue Gase bzw. Gasgemische unter Berücksichtigung ihres realen Verhaltens betrachtet werden, so sind die Beziehungen (9.2), (9.3)
nicht mehr allgemeingültig. Vielmehr muß man versuchen, mit Hilfe der in
der Literatur zugänglichen thermodynamischen Daten für den vorgesehenen
Energieträger den Wert χ_{max} für eine isotherme und isentrope Zustandsänderung zu ermitteln. Im isothermen Fall läßt sich χ_{max} über den Realfaktor z bestimmen, über den sich in der Literatur für viele Gase und Gasgemische Angaben finden lassen. χ_{max} ist nämlich definiert als der Maxi-
malwert des Integrals

$$\chi = \frac{1}{p_{max} \, v} \int_{v_{min}}^{v} p \, dv . \qquad (9.4)$$

Mit dem Realfaktor

$$z = v(p,T) \, \frac{p}{R \, T} \qquad (9.5)$$

läßt sich im isothermen Fall das obige Integral auf die Form

$$\chi = \frac{p}{p_{max}} \frac{1}{z(p)} \left[z(p) - z(p_{max}) - \int_{p_{max}}^{p} \frac{z(p)}{p} \, dp \right] \qquad (9.6)$$

bringen. χ_{max} läßt sich aus dieser Beziehung für verschiedene Druckstufen p_{max} und Temperaturen T errechnen.

Im isentropen Fall läßt sich χ_{max} infolge unzureichender Daten über kalorische Zustandsgrößen schwer ermitteln. Eine Abschätzung von χ_{max} ist
jedoch über die Beziehung (9.2) möglich, wenn man mittlere Exponenten
der Isentrope $\bar{\kappa}$ für den interessierenden Druck-und Temperaturbereich
verwendet:

$$\chi_{max} \cong \bar{\kappa}^{\frac{\bar{\kappa}}{1-\bar{\kappa}}} . \qquad (9.7)$$

Der Exponent der Isentrope κ läßt sich wie bereits im Abschnitt 6.2.6 angegeben über die Beziehung

$$\kappa = \frac{c_p}{c_v} \, \kappa_T \qquad\qquad\qquad (9.8)$$

berechnen. Den Exponenten der Isotherme κ_T kann man, je nachdem, ob das spezifische Volumen $v(p,T)$ oder der Realfaktor $z(p,T)$ in der Literatur vorliegt, über die Beziehungen (9.9) oder (9.10) berechnen:

$$\kappa_T = - \frac{v}{p} \, \frac{1}{\left(\frac{\partial v}{\partial p}\right)_T} \quad , \qquad\qquad\qquad (9.9)$$

$$\kappa_T = \frac{1}{1 - \frac{p}{z}\left(\frac{\partial z}{\partial p}\right)_T} \quad . \qquad\qquad\qquad (9.10)$$

Über die spezifischen Wärmekapazitäten c_p, c_v finden sich in der Literatur für viele Gase oder Gasgemische Angaben, so daß man aus der Beziehung (9.8) den Exponenten der Isentrope ermitteln kann. Wenn man den Druck- und Temperaturbereich der Zustandsänderung für den Einsatzfall kennt, so läßt sich der Mittelwert $\bar{\kappa}$ als arithmetisches Mittel der Exponenten vom Anfangs- und Endzustand bestimmen. Mit diesem Mittelwert kann man dann über die Beziehung (9.7) abschätzen, wie hoch die maximale Speicherung ist, welche Kapazitätserhöhung man erwarten kann.

9.2 Maßnahmen für eine isotherme Zustandsänderung

Eine isotherme Zustandsänderung im Vergleich zu einer adiabaten bewirkt eine Steigerung der maximalen Energiekapazität beim Stickstoff um 19,5 %, wie bereits im vorigen Abschnitt mit Hilfe der Beziehungen (9.2), (9.3) angegeben wurde. Wenn man für die in der Praxis üblichen Druckverhältnisse die isotherm und adiabat speicherbare Energie vergleicht, so ist die relative Steigerung größer (s. Bild 9.2). Beim Druckverhältnis von $p_1/p_2 = 0,5$ z. B. wird isotherm um 28 % höhere Energie als im adiabaten Fall gespeichert. Wenn man das reale Verhalten des Stickstoffs berücksichtigt, so ist die relative Steigerung noch größer. Im Bild 9.2 sind die Verläufe von χ auch für eine reale Zustandsänderung für die Anfangstemperatur $T_1 = 320$ K und den Maximaldruck $p_2 = 400$ bar in Abhängigkeit vom Druckverhältnis p_1/p_2 angegeben. Im Falle $p_1/p_2 = 0,5$ wird bei realer Zustandsänderung isotherm um 40 % mehr Energie als adiabat gespeichert.

Abgesehen von der Kapazitätserhöhung bietet eine isotherme Zustandsänderung folgende weitere Vorteile:

1) Thermische Verluste des Hydrospeichers werden stark reduziert, wo-
   durch sich der Wirkungsgrad erhöht (s. Abschnitt 8.5).
2) Das Problem der thermischen Belastung des Trennglieds entfällt.
3) Der Speicherdruck wird eine Funktion des Gasvolumens allein. Dadurch
   kann der Speicherdruck als Ladezustandsanzeiger herangezogen werden.

Der einzige Nachteil einer isothermen Zustandsänderung besteht darin,
daß unter Voraussetzung des gleichen Druckverhältnisses die Volumendila-
tation des Trennglieds bei Blasenspeichern größer ist als im adiabaten
Fall, was zu einer höheren Walkbelastung der Blase führen kann.

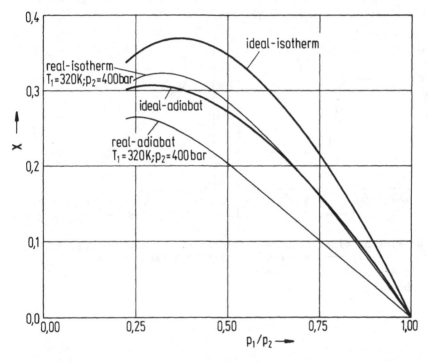

Bild 9.2. Zur Erhöhung der Energiekapazität bei isothermer Zustandsänderung

Grundsätzlich gibt es zwei Möglichkeiten, um einen isothermen Ablauf der
Zustandsänderung der Gasfüllung zu bewirken. Die erste Möglichkeit besteht darin, daß die Systemgrenze der Gasfüllung möglichst wärmedurchlässig gemacht wird, d. h., daß der Wärmeübergang von Stickstoff auf das
Gehäuse und Trennglied verbessert wird. Die zweite Möglichkeit besteht
darin, in der Gasfüllung einen Stoff hoher Wärmekapazität, Wärmeleitfä-
higkeit und Wärmeübergangsfläche anzuordnen, wobei man die Systemgrenze
als adiabat annimmt.

Bisherige Vorschläge machen in erster Linie von der zweiten Möglichkeit
Gebrauch. Sherman [40] schlägt die Verwendung eines Bündels von dünnen
Strähnen, z. B. aus Kupfer, im Gasraum des Hydrospeichers vor. Otis [30]
rät die Verwendung eines elastischen, offenporigen Schaums in der Gasfüllung. Die feinen Poren sind mit Kohlenstoffwachs ("Carbowax") imprä-
gniert. Dieses Mittel tauscht die Wärme mit Stickstoff aus. Otis [29]
wies durch zahlreiche Versuche nach, daß man durch die Verwendung der
o. g. Schaumeinlage eine nahezu isotherme Zustandsänderung erzielen
kann. Er hat für einen Arbeitszyklus (analog "Zyklus I" im Abschnitt
8.5) den Wirkungsgrad des Speichers von 85 % (ohne Schaumeinlage)
durch die Verwendung des Schaums auf 98,6 % erhöht. Das dabei gewählte
Druckverhältnis betrug ca. $p_1/p_1 = 0,57$ (s. Bild 9.3).

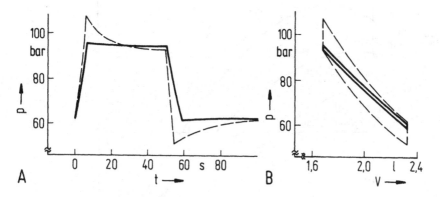

Bild 9.3. Zur Wirkung einer Schaumeinlage für eine isotherme Zustandsänderung (aus [29]) ((——) mit und (----) ohne Schaumeinlage)
a) Druck in Abhängigkeit von der Zeit
b) Druck in Abhängigkeit vom Volumen

9.3 Einsatz von anderen Gasen als Stickstoff

Die maximale relative Energiekapazität hängt unter Voraussetzung eines
idealen Gases, wie bereits durch die Beziehung (9.2) angegeben, nur vom
Adiabatenexponenten κ ab. Dabei ist die maximale relative Energiekapazität umso höher, je niedriger κ ist (vgl. Bild 9.4). Der Adiabatenexponent selbst hängt von der Atomzahl des verwendeten Gases ab. Bei einato-
migen Gasen beträgt $\kappa = 1,67$, bei zweiatomigen $\kappa = 1,40$ und bei höherato-
migen Gasen nähert sich κ mit zunehmender Atomzahl dem Wert 1. Das bedeutet, daß der Einsatz eines Gases mit sehr hoher Atomzahl einer Maßnahme zur isothermen Zustandsänderung im Endergebnis gleichkommt. Abge-

sehen von der Kapazitätserhöhung liegen die Vorteile des Einsatzes hochatomiger Gase auf der Hand:

1) Je hochatomiger das Gas, desto weniger entstehen thermische Verluste,
   desto höher ist der Wirkungsgrad.

2) Je hochatomiger das Gas, desto geringer ist die thermische Belastung
   des Trennglieds.

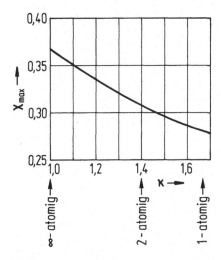

Bild 9.4. Abhängigkeit der maximalen relativen Energiekapazität vom
Adiabatenexponenten

Als Gase mit niedrigen Adiabatenexponenten schlägt Gangrath [14] den
Einsatz folgender Kältemittel vor:

Freon 22   (CHF$_2$Cl) κ = 1,18
Freon 11   (CFCl$_3$) κ = 1,14
Freon 114 (C$_2$F$_4$Cl$_2$) κ = 1,09
Freon 113 (C$_2$F$_3$Cl$_3$) κ = 1,08

Gangrath geht jedoch nicht auf das Realgasverhalten dieser Gase ein, obwohl dieser Gesichtspunkt beim Einsatz von hochatomigen Gasen beachtet
werden muß. Denn es ist bekannt, daß gerade hochatomige Gase bei hohen
Drücken im allgemeinen sehr stark vom idealen Verhalten abweichen. Diese
Tatsache kann dazu führen, daß sich eine erhoffte Kapazitätserhöhung ins
Gegenteil wendet, und man in ein und demselben Speicher weniger Energie
speichern kann als mit realem Stickstoff.

Das Realgasverhalten von einigen Gasen kann jedoch unter bestimmten Voraussetzungen vorteilhaft ausgenutzt werden. Es gibt Gase, die bei hohen
Drücken nur wenig vom idealen Verhalten abweichen. Der Vorschlag von

Gratzmuller [16], im Hochdruckbereich Helium als Energieträger einzusetzen, nutzt diese Eigenschaft aus. Ausgehend vom idealen Verhalten ist
Helium als ein einatomiges Gas mit $\kappa = 1{,}67$ dem Stickstoff als einem
zweiatomigen Gas mit $\kappa = 1{,}40$ nicht vorzuziehen. Bei hohen Drücken hingegen weist Helium im Vergleich zu Stickstoff kleinere reale Exponenten
der Isentrope κ auf (Bild 9.5). Deshalb ermöglicht Helium bei Drücken
über ca. 300 bar höhere Energiespeicherungen als Stickstoff.

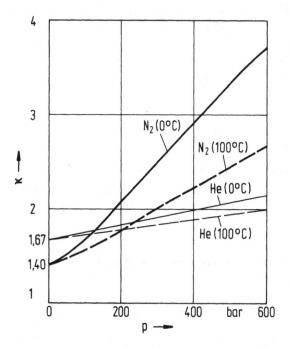

Bild 9.5. Exponent der Isentrope für Stickstoff und Helium bei hohen
Drücken

9.4 Einsatz von Gasgemischen

Über den Einsatz von Gasgemischen als Energieträger heißt es in [35]:
"...Der Erfindung liegt die Erkenntnis zugrunde, daß eine optimale Energiespeicherung durch einen Kompromiß zwischen einer möglichst großen
spezifischen Wärme c_v der Gasmoleküle einerseits und möglichst kleinen
Anziehungskräften zwischen den Gasmolekulen andererseits möglich ist...".
"Optimale Energiespeicherung" im obigen Zitat meint sicherlich einen hohen Wirkungsgrad verbunden mit einer hohen Energiekapazität. Als Gase
mit einer möglichst großen spezifischen Wärmekapazität werden die Gase
CF_4 (Tetrafluormethan) und C_2F_6 (Perfluorethan) vorgeschlagen. Als Gase
mit möglichst geringer Abweichung vom idealen Verhalten werden Stick-

stoff (N_2), Helium (He) und Wasserstoff (H_2) genannt. Die Erfindung [35]
schlägt folgende Gemischzusammensetzungen vor:

CF_4 und N_2 mit 5-80 Mol % N_2
CF_4 und H_2 mit 5-85 Mol % H_2
CF_4 und He mit 5-85 Mol % He
C_2F_6 und N_2 mit 40-90 Mol % N_2
C_2F_6 und H_2 mit 20-90 Mol % H_2
C_2F_6 und He mit 20-90 Mol % He

Über die mit diesen Gasgemischen erzielbaren Verbesserungen fehlen in
[35] jedoch jegliche Angaben.

9.5 Einsatz von kondensierbaren reinen Gasen

Den Phasenübergang reiner Stoffe vom flüssigen in den gasförmigen Zustand kann man vorteilhaft zur Energiespeicherung ausnutzen. Den Zustandsbereich, in dem sich ein solcher Phasenübergang vollzieht, nennt
man in der Thermodynamik das Naßdampfgebiet. Im Bild 9.6 ist in einem
p-v-Diagramm das thermische Zustandsverhalten eines reinen Stoffes im
Naßdampfgebiet und in den angrenzenden Bereichen qualitativ dargestellt.
Das Naßdampfgebiet wird rechts von der Taulinie und links von der Siedelinie begrenzt. Beide Linien laufen im sog. kritischen Punkt zusammen,
der mit der Angabe des kritischen Drucks p_K und der kritischen Temperatur T_K definiert ist.

Im Naßdampfgebiet ist eine isotherme Zustandsänderung zugleich eine iso-
bare. Diese Eigenschaft kann man im Hydrospeicher vorteilhaft ausnutzen,
denn, wenn man einen isothermen Ablauf der Zustandsänderung bewirkt,
geht die Größe χ_{max} gegen den Wert 1, vorausgesetzt, das spezifische Volumen der flüssigen Phase ist dem der gasförmigen Phase gegenüber vernachlässigbar klein. Auch bei einer isentropen Zustandsänderung ist das
Naßdampfgebiet gegenüber dem gasförmigen Zustandsbereich vorteilhafter,
denn im Naßdampfgebiet ist der Exponent der Isentrope kleiner als im
gasförmigen Zustandsbereich, so daß man bei gleichen Restriktionen einen
höheren χ_{max}-Wert erzielt.

Der vorteilhafte Einsatz kondensierbarer Energieträger wird jedoch dadurch eingeschränkt, daß es keine praktisch verwendbaren Stoffe gibt,
die bei Betriebstemperaturen von Hydrospeichern hinreichend hohe kritische Drücke p_K aufweisen. Im Temperaturbereich von T = 0...50 °C ist Kohlendioxid (CO_2) das Gas mit dem höchsten kritischen Druck von p_K = 73,5
bar. Die kritische Temperatur beträgt T_K = 31 °C. Bei noch niedrigeren

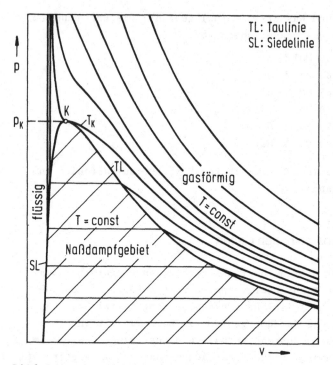

Bild 9.6. Thermisches Zustandsverhalten eines Stoffs im Naßdampfgebiet
und in den angrenzenden Bereichen

Drücken können auch geeignete Kältemittel (Freone) als Energieträger
eingesetzt werden.

Die relative Energiekapazität χ wird im folgenden für kondensierbare
reine Gase zunächst im isothermen und dann im isentropen Fall unter ver-
schiedenen Aspekten betrachtet.

Im isothermen Fall hängt die Größe χ sehr empfindlich davon ab, ob die
Zustandsänderung auch in die an das Naßdampfgebiet benachbarten Bereiche
hineinkommt. Um diese Abhängigkeit herauszustellen, sind im Bild 9.7 A
drei unterschiedliche isotherme Zustandsänderungen im p-v-Diagramm angegeben, und im Bild 9.7 B qualitativ die jeweiligen χ-Verläufe über das
Druckverhältnis p_1/p_2 dargestellt. Die optimale Zustandsänderung fängt
von der Taulinie an und endet an der Siedelinie. Die zweite Zustandsänderung fängt im gasförmigen Zustandsbereich an, geht ins Naßdampfgebiet
und endet an der Siedelinie. Die dritte Zustandsänderung fängt an der
Taulinie an, geht über die Siedelinie hinaus und endet im flüssigen Zustandsbereich. Die jeweiligen Ergebnisse zeigen, wie empfindlich χ rea-
giert. Wie erwartet sollte eine Zustandsänderung möglichst nicht in den
flüssigen Zustandsbereich hineinkommen. Aber auch eine Zustandsänderung,
der im gasförmigen Zustandsbereich anfängt, vermindert die Größe χ.

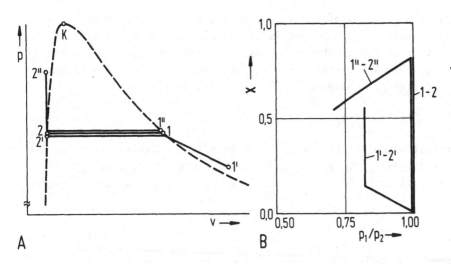

A   B

Bild 9.7. Einfluß isothermer Zustandsänderung in und um das Naßdampfgebiet auf die Energiekapazität

Größe χ ändert sich auch bei Schwankungen der Betriebstemperatur. Wenn
man jedoch von praktischen Erwägungen ausgehend einen maximalen Druck
einführt und jede isotherme Kompression bis zu diesem Druck durchführt,
dann hat eine Temperaturänderung, wie im Bild 9.8 dargestellt, keinen
sehr starken Einfluß auf den χ-Wert. So liefert die Zustandsänderung 1-2
bei der Temperatur T_{max} eine etwas größere Energiespeicherung als die
Zustandsänderung 1'-2' bei der Temperatur T_{min}.

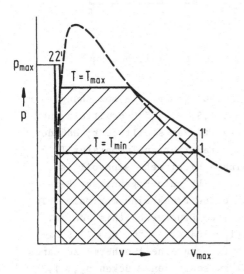

Bild 9.8. Zum Einfluß der Änderung der Betriebstemperatur auf die
Energiekapazität

Außerhalb des Naßdampfgebiets kann eine isotherme Zustandsänderung auch Vorteile bringen, wenn man sich im Bereich des kritischen Punktes befindet. Um einen Überblick über den χ-Wert in diesem Bereich zu erhalten, kann man den Verlauf des Realfaktors $z(p,T)$ heranziehen. In Abhängigkeit von reduzierten Zustandsgrößen p_r, T_r mit den Definitionen

$$p_r = \frac{p}{p_K} \quad ; \quad T_r = \frac{T}{T_K}$$

ist der Realfaktor am kritischen Punkt im Bild 9.9 dargestellt. Mit Hilfe dieses allgemeingültigen Verlaufs des Realfaktors kann man das Verhalten verschiedener Gase im Hinblick auf Energiespeicherung überprüfen.

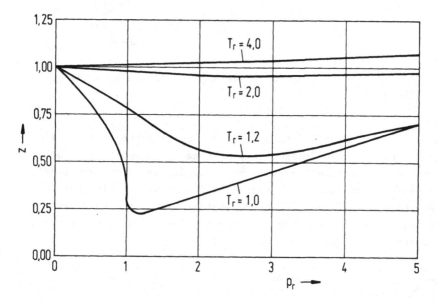

Bild 9.9. Der Verlauf des Realfaktors z nahe am kritischen Punkt

Unter Verwendung dieses Realfaktors ist Größe χ über die Beziehung (9.6) für $T_r = 1$ und die Druckstufen $p_{rmax} = 1,2$; $1,5$; $2,0$; $3,0$ ermittelt, und die Ergebnisse sind im Bild 9.10 dargestellt. Man stellt fest, daß der Einsatz von kondensierbaren Gasen bei der reduzierten Temperatur $T_r = 1$ und über den reduzierten Druck $p_r = 2$ hinaus nicht mehr sinnvoll ist. Hingegen erzielt man z. B. mit $p_{rmax} = 1,2$ sehr gute Ergebnisse. Beispielsweise erhält man bei diesem reduzierten Druck eine maximale relative Energiekapazität von $\chi_{max} = 0,62$ bei dem Druckverhältnis von ca. $p_1/p_2 = 0,62$. In Bezug auf Kohlendioxid ($T_K = 304$ K $= 31$ °C, $p_K = 73,5$ bar) heißt das, daß der χ_{max}-Wert $0,62$ beträgt, wenn eine isotherme Zustandsänderung bei $T_r = 1$ (d. h. bei T = 31 °C) zwischen den Drücken $p_{r2} = 1,2$ und $p_{r1} = 0,72$ (d. h. $p_2 = 88,2$ und $p_1 = 52,9$ bar) durchgeführt wird.

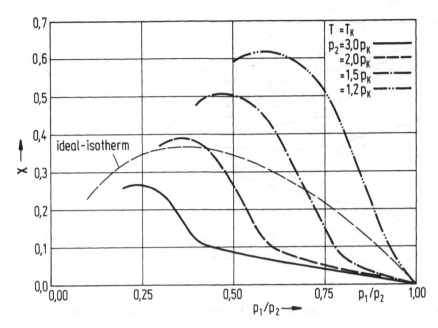

Bild 9.10. Größe χ bei isothermer Zustandsänderung nahe am kritischen Punkt

Auch eine isentrope Zustandsänderung erlaubt im Naßdampfgebiet eine höhere Energiespeicherung als im gasförmigen Zustandsbereich, weil der Exponent der Isentrope im Naßdampfgebiet kleiner ist als im gasförmigen Zustandsbereich. Beim Einsatz von Hydrospeichern niedriger Druckstufe bei tiefen Temperaturen kann diese Eigenschaft im Falle von Kohlendioxid vorteilhaft ausgenutzt werden. Im Bild 9.11 ist für Kohlendioxid der Verlauf des Exponenten der Isentrope κ im Naßdampfgebiet in Abhängigkeit vom Druck mit dem Dampfgehalt x als Parameter dargestellt (x = Masse des Dampfes/Masse des Stoffes). Bei einer isentropen Kompression aus dem Anfangszustand T_1 = -10 °C, p_1 = 25 bar, v_1 = 5,9 l/kg auf den Druck p_2 = 50 bar erhält man für Kohlendioxid den Wert χ = 0,46, während man für Stickstoff nur χ = 0,26 erhalten würde. Die Kapazitätssteigerung beträgt demnach 77 %.

Eine isentrope Zustandsänderung außerhalb des Naßdampfgebiets bringt nur in einem sehr beschränkten Druck- und Temperaturbereich am kritischen Punkt Vorteile gegenüber Stickstoff. Zum Beispiel beträgt bei einer Zustandsänderung aus dem Anfangszustand T_1 = 40 °C, p_1 = 50 bar auf p_2 = 100 bar für CO_2 den Wert χ = 0,307 und für Stickstoff χ = 0,256. Während in diesem Beispiel eine Kapazitätserhöhung von 20 % erreicht wird, bringt der Einsatz von CO_2 bei hohen Drücken und üblichen Temperaturen keine Vorteile gegenüber Stickstoff.

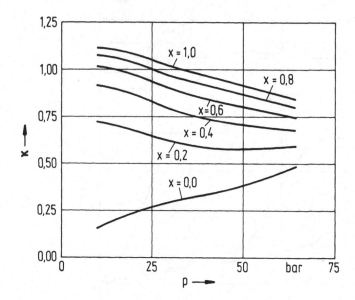

Bild 9.11. Exponent der Isentrope für Kohlendioxid im Naßdampfgebiet

In der Literatur sind bisher zwei Vorschläge über den Einsatz kondensierbarer reiner Gase in Hydrospeichern bekanntgeworden. Uchido [54]
verwendet Kohlendioxid als Energieträger, er macht jedoch keine Angaben
über die Betriebstemperaturen, die Arbeitsdrücke und die gegenüber
Stickstoff erzielbaren Verbesserungen. McLeish [26] verwendet als Energieträger Freon 13 (CF_3Cl) ($T_K = 28,8$ °C, $p_K = 39,9$ bar). Der von ihm vor-
geschlagene Hydrospeicher hat folgende Betriebskenngrößen:

$$P_{max} = 38 \text{ bar },$$
$$P_{min} = 28,5 \text{ bar },$$
$$V_{max} = 656 \text{ cm}^3 \text{ },$$
$$\Theta_{min} = 18,5 \text{ °C },$$
$$\Theta_{max} = 28,5 \text{ °C }.$$

Er erzielt mit diesem Hydrospeicher gegenüber konventionellen Hydrospeichern eine Erhöhung der Energiekapazität um ca. 62 %.

9.6 Einsatz von kondensierbaren Gasgemischen

Im vorigen Abschnitt wurde der Vorteil des Einsatzes kondensierbarer Gase zur Erhöhung der Energiekapazität herausgestellt. Es wurde aber auch
darauf hingewiesen, daß es keine praktisch verwendbaren Gase gibt, die
bei üblichen Betriebstemperaturen von Hydrospeichern einen hinreichend

hohen Dampfdruck aufweisen. Diese Tatsache führt auf den Gedanken, kondensierbare Gasgemische als Energieträger einzusetzen, denn aus der Thermodynamik der Mehrstoffsysteme ist bekannt, daß der Dampfdruck eines Gemisches höher ist als der der kondensierbaren Gemischkomponente, wenn die gleiche Temperatur vorausgesetzt wird. Diese Eigenschaft kann man am besten in einem p-x-Diagramm für ein Zweikomponentengemisch veranschaulichen (s. Bild 9.12). Dabei ist x die Konzentration (Molanteil) der leichtersiedenden Gemischkomponente. Verdichtet man ein solches Gemisch mit der Konzentration x_0 vom gasförmigen Zustand 1 isotherm, so scheiden sich beim Druck p_2 die ersten Flüssigkeitströpfchen mit der Konzentration x_0' ab. Dieser Dampfdruck p_2 ist höher als der Dampfdruck der leichtersiedenden Komponente p_{2S} bei der gleichen Temperatur. Bei weiterer Verdichtung nimmt der Anteil der flüssigen Phase zu. Das zuletzt beim Druck p_3 kondensierende Gasgemisch hat die Konzentration x_0''. Man sieht, daß eine isotherme Zustandsänderung des Gemisches im Zweiphasengebiet nicht wie bei reinen Stoffen zugleich isobar ist. Dem Vorteil, daß durch die Verwendung von kondensierbaren Gasgemischen der Dampfdruck gegenüber dem kondensierbaren reinen Gas erhöht werden kann, steht der Nachteil gegenüber, daß eine isotherme Zustandsänderung mit Druckänderung verbunden ist.

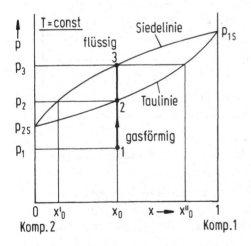

Bild 9.12. Verhalten eines Gemisches bei konstanter Temperatur

Die Ermittlung der mit einem kondensierbaren Gemisch erzielbaren Erhöhung der Energiekapazität ist i.a. schwierig, weil thermodynamische Daten in der Literatur kaum zugänglich sind. In der Regel wird von Gemischen nur das p-x-T-Verhalten, manchmal auch das p-v-T-x-Verhalten angegeben. Über kalorische Zustandsgrößen (Enthalpie, Entropie u. a.) finden sich kaum Informationen. Aus diesem Grunde beschränken sich die Ergebnisse in diesem Abschnitt auf die bei einer isothermen Zustandsänderung erzielbare Kapazitätserhöhung. Die mit einem Stickstoff-Kohlendioxid-Gemisch erzielbaren Verbesserungen hat Sherman [40] im Druck- und Temperaturbereich p = 20...150 bar, T = -20...+15 °C untersucht. Für verschiedene Druckstufen, Temperaturen und Konzentrationen wurde die Größe x_{max} über die Beziehung (9.6) ermittelt. Die auf diese Weise ermittelten Ergebnisse von Sherman sind mit einer kleinen Berichtigung und einer Ergänzung in der Tabelle 9.1 angegeben. Die Berichtigung war notwendig, da Sherman die Ergebnisse aus dem realen Gemischverhalten mit den Ergebnissen des idealen Stickstoffs vergleicht. Die Ergänzung betrifft die Angabe der minimalen Drücke.

Tabelle 9.1. Größe x_{max} für ein Kohlendioxid-Stickstoff-Gemisch

Temperatur [°C]	Molanteil x_{N_2}	p_{max} [bar]	p_{min} [bar]	x_{max} -	x_{max, N_2} -	Verbesserung
15	0,298	150	70	0,438	0,360	22 %
		100	44	0,449	0,366	23 %
	0,199	150	64	0,427	0,360	19 %
		100	52	0,561	0,366	53 %
0	0,298	150	63	0,422	0,360	17 %
		100	40	0,454	0,366	24 %

Die Ergebnisse in der Tabelle 9.1 lassen sich folgendermaßen interpretieren:

1) Im Vergleich zum Stickstoff kann man bei isothermer Zustandsänderung und im Druckbereich bis 150 bar durch den Einsatz von N_2-CO_2-Gemischen eine Verbesserung der Energiekapazität von ca. 20...50 % erzielen.

2) Die Konzentration des Gemisches sollte je nach Druckstufe gewählt werden. Bei einer Betriebstemperatur von T = 15 °C und einer Druckstufe p_{max} = 100 bar ermöglicht der Einsatz eines Gemischs mit der Konzentration x = 0,199 (Molanteil von N_2) eine höhere Energiespeicherung als der eines Gemisches mit der Konzentration x = 0,298. Bei der Druckstufe p_{max} = 150 bar und der gleichen Temperatur erzielt man hingegen durch den Einsatz eines Gemisches mit der Konzentration x = 0,298 eine höhere Energiespeicherung.

3) Die Empfindlichkeit des Gemisches auf Schwankungen der Betriebstemperatur sollte je nach Druckstufe und Konzentration beachtet werden. Im
vorliegenden Beispiel ändert sich die Energiekapazität nur wenig,
wenn die Betriebstemperatur zwischen $T = 15$ °C und $T = 0$ °C schwankt.
Das geht aus dem Vergleich der χ_{max}-Werte für die Konzentration
$x = 0,298$ bei $T = 15$ °C und bei $T = 0$ °C hervor (s. Tabelle 9.1).

Literaturverzeichnis

Literatur, die den Hydrospeicher vorwiegend als Energiespeicher behandelt

1. Adams, N.: Supplemental Rig Equipment has Vital Job. Oil & Gas J.,
   78(1980)3, pp. 83-86.

2. Bauer, D.: Anwendungskriterien für Kolbenspeicher, Blasenspeicher
   und Membranspeicher. Maschinenmarkt, 80(1974)40, S. 759-762.

3. Bauer, D.: Hydrospeicher im Hochofenbetrieb. Fluid, 10(1976)1,
   S. 24-25.

4. Bauer, D.: Der Hydrospeicher als Druckbehälter. Fluid, 10(1976)11,
   S. 28,30.

5. Beachley, N.H.: Graphical Determination of Accumulator Characteris-
   tics Using Real Gas Data. Proc. 1st National Fluid Power Systems
   and Control Conference, Wisconsin, 1973, 13 p., 1 fig.

6. Bryant, J.: The Economic Advantages of Hydraulic Accumulator Pack-
   ages. OEM Design, Oct. 1976, pp. 95,97.

7. Bucciarelli, A.; Speich, H.: Accumulatori Idraulici(Hydraulische
   Akkumulatoren). Oleódin. Pneum., 16(1975)1, pp. 129-134.

8. Butovski, E.L.: Determining the Basic Parameter for a Hydraulic
   Drive with a Pump and Accumulator. Russian Engineering J., 54(1974)10,
   pp. 29-31.

9. Di Francesco, G.: Gli accumulatori idropneumatici a sacca elastica
   nelle moderne applicazioni oleodinamiche(Blasenspeicher für moderne,
   ölhydraulische Anwendungen). Oleodin. Pneum., 17(1976)7, pp. 42-51.

10. Di Francesco, G.: Calcolo del tempo di scarica di un accumulatore
    idropneumatico a sacca elastica attraverso un circuito(Berechnung
    der Entladung eines Blasenspeichers am hydraulischen Kreislauf).
    Oleodin. Pneum., 17(1976)12, pp. 66-75.

11. Dieter, W.: Hydraulikspeicher für den allgemeinen Maschinen-, Werk-
    zeugmaschinen- und Fahrzeugbau. Konstruktion, 9(1957)8, S. 294-299.

12. Eglinski, J.: Hydrospeicher mit offener Blase. Fluid, 11(1977)1,
    S. 34.

13. Elder, F.T.; Otis, D.R.: Accumulators: The Role of Heat Transfer in
    Fluid Power Losses. Proc. 4th International Fluid Power Symposium,
    1975, Paper D2.

14. Gangrath, R.B.; White, W.H.: Optimization of Hydraulic Accumulators
    for Low Temperatur Applications. SAE-Paper No. 711 B, June 1963.

15. Gosztowtt, L.: Urzadzenie do ladowania azotem akumulatorow hydrau-
    licznych(Einrichtung zur Füllung von hydraulischen Akkumulatoren).
    Przeglad Mechaniczny, 37(1978)14/15, S. 11-12.

16. Gratzmuller, J.L.: Hydropneumatischer Energiespeicher hohen Drucks.
    DAS 2103552.

17. Green, W.L.: The Effects of Discharge Times on the Selection of Gas-charged Hydraulic Accumulators. Proc. 3rd International Fluid Power Sysmposium, 1973, Paper D1.

18. Höhener, W.: Hydropneumatische Speicher; Berechnung und Einsatz. Technische Rundschau(Bern), 64(1972)34, S. 3-5.

19. Jacobellis, A.A.: Accumulators. Machine Design, 22(1963)12, pp. 37-41.

20. Käppler, G.; Müller, H.: Berechnung und Einsatzbedingungen gasbelasteter Druckflüssigkeitsspeicher. Maschinenbautechnik, 13(1964)8, S. 407-412.

21. Klein, H.-Ch.: Anwendung hydropneumatischer Energiespeicher in der Ölhydraulik. Konstruktion, 16(1964)1, S. 12-21.

22. Korkmaz, F.: Hydrospeicher als Beschleunigungselement. Ölhydraulik und Pneumatik, 15(1971)10, S. 427-429.

23. Korkmaz, F.: Energiespeicher, Feder- und Dämpferelement; Berechnungsgrundlagen für Hydrospeicher. Maschinenmarkt, 78(1972)43, S. 960-963.

24. Korkmaz, F.; Walz, L.: Hydrospeicher als Energiespeicher; ideales und reales Verhalten des Energieträgers. Ölhydraulik und Pneumatik, 18(1974)2, S. 131-141.

25. Mayer, P.G.: Use of Water Accumulators in Large High Speed Presses. Nat. Conf. on Fluid Power, 30th ann. mtg., Chicago, 1974 (Proc. Vol. 28), pp. 602-606.

26. McLeish, R.D.: The Development of Small Hydraulic Power Sources for Artifical Arms. Proc. 7th Intersociety Energy Conversion Engineering Conference, 1972, pp. 792-798.

27. Otis, D.R.: Predicting Performance of Gas-charged Accumulators. Proc. 1st National Fluid Power Systems and Control Conference, Wisconsin, 1973, 12 p., 5 figs.

28. Otis, D.R.: Thermal Losses in Gas-charged Hydraulic Accumulators. Proc. 8th Intersociety Energy Conversion Engineering Conference, 1973, pp. 198-201.

29. Otis, D.R.: New Developments in Predicting and Modifying Performance of Hydraulic Accumulators. Nat. Conf. on Fluid Power, 30th ann. mtg., Chicago, 1974 (Proc. Vol. 28), pp. 602-606.

30. Otis, D.R.: Plastic Foams Reduce Heating in Gas-charged Accumulators. Hydraulics & Pneumatics, 28(1975)2, pp. 56-57.

31. Otis, D.R.: Getting Maximum Energy-savings from your Accumulators. Hydraulics & Pneumatics, 32(1979)12, pp. 57-58,60.

32. Otremba, J.: Calculation of an Accumulator for a Hydraulic Power Pack. Proc. Pneumatics-Hidraulics '78, Hungary, 1978, pp. 521-528.

33. Packer, M.R.: Recent Developments in the Hydropneumatic Field. Hydraul., Pneum., Mech. Power, 23(1977)269, pp. 199-203.

34. Pavel, A.: The High-pressure Hydropneumatic Power Accumulators running in Nonstationary System. Rev. Roum. Sci. Tech.-Mec. Appl., 22(1977)4, pp. 607-630.

35. Philips Gloeilampenfabrieken: Druckenergiespeicher, DOS 2824979.

36. Röper, R.: Die Dynamik des Hydrospeicher-Kreislaufs. Konstruktion, 20(1969)9, S. 341-349.

37. Rössger, E.; Kallies, H.-E.: Druckspeicher in der Flughydraulik. Ölhydraulik und Pneumatik, 8(1964)4, S. 134-137.

38. Schöller, K.: Energieeinsparung bei stationären hydraulischen Anlagen. Ölhydraulik und Pneumatik, 24(1980)7, S. 532-533.

39. Schulz, R.: Simulation hydraulischer Energiespeicher. Ölhydraulik und Pneumatik, 23(1979)10, S. 729-731.

40. Sherman, M.P.; Karlekar, B.V.: Improving the Energy Storage Capacity of Hydraulic Accumulators. Proc. 8th Intersociety Energy Conversion Conference, 1973, pp. 202-207.

41. Tokar, I.Y. et al.: The Dynamics of a Gaso-hydraulic Accumulator. Machines & Tooling, 50(1979)4, pp. 19-21.

42. Tournier, J.: Optimisation des Accumulators Oleo-pneumatiques. Hydraulique, Pneumatique & Asservissements in Energie Fluide et Lubrification, 45(1971)9, S. 33-40.

43. White, R.W.: Hydraulic Accumulators for Power Storage. Chart. Mech. Engr., 25(1978)3, pp. 61-63.

44. Will, D.; Uhlig, H.; Wallis, E.: Rechnergestützte Projektierung von Drucköquellen. Maschinenbautechnik, 26(1977)3, S. 106-108,115.

45. Wingate, I.: A Simplified Calculation Method for Hydraulic Accumulator Selection. Hydraul. Pneum. Mech. Power, 21(1975), pp. 361-365.

46. Yamaguchi, M.: The Motion of an Accumulator Driven Press(In Japanisch mit engl. Abstr.). J. Japan Soc. Technol. Plast., 21(1980)228, pp. 39-45.

47. Zahid, A.: Can an Accumulator Help You Save Energy. Hydraulics & Pneumatics, 28(1975)7, pp. 82-84.

48. Anonym: Accumulatori: scelta del tipo di accumulatori(Hydrospeicher: Auswahl der Speicherbauarten). Oleodin. Pneum., 17(1976)2, pp. 94-97.

49. Anonym: Einsatz und Betrieb von Hydrospeichern. In: Konstruktionshandbuch Ölhydraulik 1980, S. 33-34,36. Mainz: Krausskopf.

50. Anonym: Hydraulic Accumulators. Engineering Materials and Design, Aug. 1976.

51. Anonym: Hydraulikspeicher mit nachgeschaltetem Gasvolumen. Fluid, 6(1972)3, S. 60-62.

52. Anonym: Marktbild Hydrospeicher. Fluid, 6(1972)5, S. 38-41.

53. Anonym: Lieferübersicht Hydrospeicher. Konstruktion & Design, Febr. 1978, S. 56-57.

54. Anonym: Liquid-vapor Accumulator Competes with Compressed Gas Types. Product Engineering, 47(1976)1, pp. 27-28.

55. Anonym: Le point sur les accumulateurs oleohydrauliques. Promofluid, 35(1975), pp. 51-58.

56. Anonym: Sizing Auxiliary Power Accumulators. Design Engineering, 20(1974)4, pp. 40-41.

Literatur, die den Hydrospeicher vorwiegend als Feder- und Dämpferelement behandelt

57. Behles, F.: Zur Berechnung von Luftfedern. Automobiltechnische Zeitschrift, 63(1961)9, S. 311-314.

58. Fensvig, A.T.; Nielsen, T.H.; Ovesen, T.B.: On the Dynamics of Rubber Bag Accumulators-Analytical and Experimentel Modelling. Proc. 4th International Fluid Power Symposium, 1975, Paper D1.

59. Gøttschald, L.: Über das Verhalten hydro-pneumatischer Membrankugelspeicher. Dissertation TH Aachen, 1969.

60. Gottschald, L.: Criteria for the Discharge of Hydraulic Accumulators. Proc. 1st European Fluid Power Conference, 1973, Paper 27.

61. Gottschald, L.: Einsatz des Membran-Druckspeichers in der Mobilhydraulik. Deutsch. Hebe- und Fördertechnik, 22(1976)1, pp. 13-14.

62. Ichuryu, K.: Vibration Damping Method of Oil Hydraulic System by
Accumulator. Bulletin of JSME, 12(1969)53, pp. 1110-1120.

63. Jante, A.: Grundsätzliche Möglichkeiten der Luftfederung. Kraftfahrzeugtechnik, 6(1956)2, S. 44-47.

64. Kurzhals, H.: Druckölspeicher. VDI-Berichte 57, 1962, S. 25-31.

65. Shub, V.V.: Selecting an Air-hydraulic Accumulator for a Hydraulic Drive. Russian Engineering Journal, 48(1968)6, pp. 50-51.

66. Shurawlew, S.; Springer, H.: Zur Berechnung der Eigenfrequenzen
hydropneumatisch gefederter Fahrzeuge. Automobil-Industrie (1978)2,
S. 54-61.

67. Vetter, G.; Fritsch, H.: Auslegung von Pulsationsdämpfern für oszil-
lierende Verdrängerpumpen. Chemie-Ingenieur Technik, 42(1970)9/10,
S. 609-616.

68. Vogel, A.: Luftfederung mit unveränderlichem Federluftgewicht.
Kraftfahrzeugtechnik, 7(1957)3, S. 89-93.

69. Zahid, Z.: Springs that Don't Fatigue. Machine Design, 48(1976)3,
pp. 110-112.

70. Zahid, Z.: Computer Sizes Accumulators to Control Surge and Pulsa-
tion. Hydraulics & Pneumatics, 30(1977)6, pp. 64-66.

71. Zahid, Z.: Using Accumulators to Smooth Transients. Machine Design,
49(1977)16, pp. 75-77.

72. Zalka, A. et al.: Untersuchung des mit Sackzwischenwänden versehenen
hydraulischen Akkumulators. Proc. Pneumatics-Hidraulics '75, Hungary,
1975, Hydraulic Session, Vol. 2, pp. 225-231.

73. Zymak, V.: Die dynamischen Eigenschaften von Blasenspeichern in der
Hydropneumatik. Maschinenmarkt, 85(1979)69, S. 1351-1354.

74. Anonym: Dämpfer für Spitzen. Fluid, 8(1974)9, S. 31-33.

Empfehlungen von CETOP(Europäisches Komitee Ölhydraulik und Pneumatik)
über Hydrospeicher

75. Vorläufige Empfehlung RP 18 H, Empfehlungen für die Inbetriebnahme,
Bedienung und Wartung von Hydrospeichern, 26.10.1973.

76. Vorläufige Empfehlung RP 47 H, Empfehlungen für die Auslegung, Herstellung und sichere Anwendung von hydraulischen Druckspeichern, die
mit Gas gefüllt sind, 9.6.1975.

77. Vorläufige Empfehlung RP 62 H, Definitionen und Symbole der Betriebskenngrößen von gasgefüllten Hydrospeichern, 23.9.1975.

Literatur über Thermodynamik und Eigenschaften von Gasen

78. Schmidt, E.: Technische Thermodynamik I, 11. Aufl. Berlin, Heidelberg, New York: Springer 1975.

79. Schmidt, E.: Technische Thermodynamik II, 11. Aufl. Berlin, Heidelberg, New York: Springer 1977.

80. Traupel, W.: Die Grundlagen der Thermodynamik, Karlsruhe: G. Braun
1971.

81. Reid, R.C.; Prausnitz, J.M.; Sherwood, T.K.: The Properties of Gases
and Liquids, Third Edition, New York: McGraw Hill 1977.

82. Din. F.: Thermodynamic Functions of Gases, Vol. 1, London: Butter-
    worths 1956.

83. Din, F.: Thermodynamic Functions of Gases, Vol. 3, London: Butter-
    worths 1961.

Anhang

A Umrechnung von Einheiten

Volumen

	m^3	in^3
1 m^3	1	61023,7
1 in^3	$1,6 \cdot 10^{-6}$	1

Druck

	bar	N/m^2	atm	psi
1 bar	1	10^5	0,98692	14,504
1 N/m^2	10^{-5}	1	$9,8692 \cdot 10^{-6}$	$1,4504 \cdot 10^{-4}$
1 atm	1,01325	$1,0132 \cdot 10^5$	1	14,696
1 psi	$6,8948 \cdot 10^{-2}$	$6,8948 \cdot 10^3$	$6,8046 \cdot 10^{-2}$	1

Temperatur

Zwischen den Zahlenwerten T_K, T_C, T_F einer Temperatur in der Kelvin-, Celcius- und Fahrenheitskala bestehen folgende Umrechnungsgleichungen

$$T_K = 273,15 + T_C$$

$$T_C = \frac{5}{9} (T_F - 32) = T_K - 273,15$$

$$T_F = 1,8 \ T_C + 32$$

Energie, Arbeit, Wärmemenge

	J	Wh	Btu
1 J	1	$2,7778 \cdot 10^{-3}$	$9,4781 \cdot 10^{-3}$
1 Wh	3600	1	3,4121
1 Btu	$1,0551 \cdot 10^5$	0,29307	1

Leistung

	W	Btu/h
1 W	1	3,41215
1 Btu/h	0,29307	1

B FORTRAN-Programm zur Simulationsauslegung

```
C          SIMAUS
C          PROGRAMM ZUR SIMULATIONSAUSLEGUNG VON HYDROSPEICHERN
           COMMON /CO1/TQPER(10),QPER(10),N,Q
          1        /CO2/C11,C12,C13,C21,C22,C23,C31,C32,C33
          2        /CO3/R,A0,B0,A,B,C
C
           DIMENSION VOANG(10),TAU(10),POTAU(10)
C***       EINGABEDATEN
           TYPE *,'EINGABE ANFANG'
           TYPE 190
  190      FORMAT(/)
C**        PARAMETER DER ANFORDERUNGEN
C*         PARAMETER DES OELSTROMBEDARFS
C          QPER: ORDINATEN DER TREPPENFUNKTION
C          TQPER: STUETZSTELLEN DER TREPPENFUNKTION
C          N: ANZAHL DER TREPPEN PRO ZYKLUS (HOECHSTENS 10)
           TYPE *,'BEIM OELSTROMBEDARF SIND ZUERST DIE PARAMETER DES'
           TYPE *,'LADESTROMS (NEGATIV) UND DANN DIE DES ENTLADESTROMS'
           TYPE *,'(POSITIV) EINZUGEBEN.'
           TYPE 190
           TYPE *,'ANZAHL DER TREPPEN PRO ZYKLUS N (HOECHSTENS 10)'
           ACCEPT *,N
   6       TYPE *,'TQPER(I)   QPER(I)'
           TYPE *,'  [S]     [LITER/S]'
           SUM=0.
           DO 3 I=1,N
           ACCEPT *,TQPER(I),QPER(I)
           I1=I-1
           IF (I1) 1000,1001,1000
 1001      SUM=SUM+TQPER(I)*QPER(I)
           GOTO 3
 1000      SUM=SUM+(TQPER(I)-TQPER(I1))*QPER(I)
   3       CONTINUE
           IF (SUM) 4,5,4
   4       TYPE *,'OELSTROM UEBER PERIODE INTEGRIERT ERGIBT NICHT NULL'
           TYPE *,'WERTE UEBERPRUEFEN !!!'
           GOTO 6
C
C*         ANLAGENSPEZIFISCHE KENNGROESSEN
C          P3: MAXIMALER BETRIEBSDRUCK
C          TETMAX: MAX. BETRIEBSTEMPERATUR
C          TETMIN: MIN. BETRIEBSTEMPERATUR
C          TET0: VORFUELLTEMPERATUR
   5       TYPE *,' P3'
           TYPE *,'[BAR]'
           ACCEPT *,P3
           TYPE *,'TETMIN  TETMAX   TET0'
           TYPE *,'ALLE TEMPERATUREN IN GRAD CELSIUS'
           ACCEPT *,TETMIN,TETMAX,TET0
```

```
C
C*        ANLAGENSPEZIFISCHE BEDINGUNGEN
C         DELPZU: MAX. ZULAESSIGE ARBEITSDRUCKDIFFERENZ
          TYPE *,'DELPZU'
          TYPE *,' [BAR]'
          ACCEPT *,DELPZU
C
C*        ALLGEMEINE BEDINGUNGEN
C         POP1Z: ZULLAESSIGES P0/P1
C         P2P3Z: ZULLAESSIGES P2/P3
          TYPE *,'POP1Z    P2P3Z'
          ACCEPT *,POP1Z,P2P3Z
C
C**       PARAMETER DES HERSTELLERANGEBOTS
C         VOANG: ANGEBOT AN EFF. GASVOLUMEN
C         TAU: ZEITKONSTANTEN DER ANGEBOTENEN SPEICHER
C         POTAU: VORFUELLDRUECKE, BEI DENEN DIE ZEITKONSTANTEN ERMITTELT
C             WURDEN
C         M: ANZAHL DER EINGEGEBENEN SPEICHER
   150    TYPE *,'ANZAHL DER EINGEGEBENEN SPEICHER M='
          ACCEPT *,M
          TYPE *,'PARAMETER DES HERSTELLERANGEBOTS VON KLEINEREN'
          TYPE *,'ZU GROESSEREN VOLUMINA EINGEBEN.DABEI IST I=1 BIS M'
          TYPE *,'VOANG(I)   TAU(I)     POTAU(I)    '
          TYPE *,'[LITER]     [S]        [BAR]'
          DO 8 I=1,M
     8    ACCEPT *,VOANG(I),TAU(I),POTAU(I)
C
          TYPE *,'EINGABE ENDE'
          TYPE 190
C         KONSTANTEN
C         KOEFIZIENTEN DES CV-POLYNOMS
          C11=745.005
          C12=-5.763597E-2
          C13=1.107536E-4
          C21=9.149484E-1
          C22=-3.30406E-3
          C23=3.076082E-6
          C31=-5.609225E-4
          C32=2.145942E-6
          C33=-2.03455E-9
C         PARAMETER DER BB-GLEICHUNG
          R=.0029677
          A0=.00174116
          B0=.00180069
          A=.000933752
          B=-.000247359
          C=5.0948E-8

          CVM=760.
          F=100000.
C
C***      UMSTELLUNG DER EINGABEDATEN AUF ZULAESSIGE EINHEITEN
          DO 10 I=1,N
    10    QPER(I)=QPER(I)*.001
          TETMIN=TETMIN+273.
          TETMAX=TETMAX+273.
          TET0=TET0+273.
          DO 11 I=1,M
    11    VOANG(I)=VOANG(I)*.001
```

```
C
C*       ERMITTLUNG DER RECHENSCHRITTWEITE UND ANZAHL DER RECHENSCHRITTE
         DELTZ=TAU(1)/100.
         IF (DELTZ.LT..1) GOTO 1
         DELTZ=.1
         GOTO 2
   1     DELTZ=.01
   2     CONTINUE
         NN=IFIX(TQPER(N)*5./DELTZ)
         NNPMAX=4*NN/5
         P2=P3*P2P3Z
C
C***     ERMITTLUNG DES MINIMALEN VORFUELLDRUCKS
         POMIPO=TETMIN/TETO
         POP1MI=POP1Z
  12     PO=P3*POP1MI/POMIPO*(P2P3Z-DELPZU/P3)
         IF (IT-1) 9,13,9
   9     CALL BBVS(TETO,PO,VS)
         CALL BBP(TETMIN,VS,POMIN)
         POMIPO=POMIN/PO
         IT=1
         GOTO 12
  13     CONTINUE
C
C***     ERMITTLUNG DER SPEZIFIKATIONEN
         K=0
         DO 80 I=1,M
         VO=VOANG(I)
  30     CALL BBVS(TETO,PO,VS)
         CALL BBP(TETMAX,VS,POMAX)
         P1MAX=POMAX/POP1Z
C
C**      KONSTANTEN, SCHRITTWEITEN, ANFANGSWERTE FUER DYNAMIC
         GMR=VS/VO
         TAUN=TAU(I)*(POTAU(I)/PO)**(.5)
         DELPO=1.
         T=TETMAX
         P=P1MAX
         CALL CVP(T,P,CV)
         CALL BBVS(T,P,VSD)
         TZ=0.
         VD=VO*VSD/VS
C
C**      DYNAMIC
         PMAX=0.
         DO 90 J=1,NN
         VSDH3R=1./VSD**3
         VSDH4R=VSDH3R/VSD
         TH2R=1./T**2
         TZ=TZ+DELTZ
         CALL OELSTR(TZ)
         DELVS=DELTZ*Q*GMR
         DELT=CVM/CV*(TETMAX-T)*DELTZ/TAUN-P*DELVS/CV*F-(AO*(VSD-A)*
        1VSDH3R+3.*R*C*(VSD**2+BO*VSD-BO*B)*VSDH4R*TH2R)*DELVS/CV*F
         T=T+DELT
         CALL BBP(T,VSD,P)
         VSD=VSD+DELVS
         CALL CVP(T,P,CV)
         VD=VO*VSD/VS
         XP2=1.2*P2
         IF (P.GT.XP2) GOTO 180
         IF (J.LT.NNPMAX) GOTO 90
         IF (P.LT.PMAX)    GOTO 90
         PMAX=P
  90     CONTINUE
```

```
C
        IF (PMAX.GT.P2) GOTO 40
C
        IF (I.EQ.1) GOTO 50
C
        K=1
        PO=PO+DELPO
        GOTO 30
C
   40   IF (K.EQ.1) GOTO 60
C
  180   IF (I.EQ.M) GOTO 70
   80   CONTINUE
C
   60   PO=PO-DELPO
        VO=VO*1000.
        TYPE 200,PO
  200   FORMAT(' VORFUELLDRUCK  =',F7.1,'  [BAR]')
        TYPE 201,VO
  201   FORMAT(' EFF. GASVOLUMEN=',F7.1,'  [LITER]')
        GOTO 130
C
   50   TYPE*,'KLEINSTES EINGABEVOLUMEN KOENNTE NOCH ZU GROSS
       1SEIN. KLEINERE EINGEBEN'
        GOTO 150
C
   70   TYPE*,'GROESSTES EINGABEVOLUMEN NOCH ZU KLEIN.
       1GROESSERE EINGEBEN'
        GOTO 150
C
  130   STOP
        END


        SUBROUTINE BBP(T,VS,P)
C       BERECHNET DEN DRUCK NACH BB-GLEICHUNG
        COMMON /CO3/R,AO,BO,A,B,C
        VSR=1./VS
        VSR2=1./(VS*VS)
        TR3=1./(T**3)
        P=R*T*VSR2*(1.-C*VSR*TR3)*(VS+BO*(1.-B*VSR))-AO*VSR2*(1.-A*VSR)
        RETURN
        END


        SUBROUTINE BBVS(T,P,VS)
C       BERECHNET DAS SPEZ. VOLUMEN NACH BB-GLEICHUNG
        COMMON /CO3/R,AO,BO,A,B,C
        VS=R*T/P
        DO 1 I=1,100
        VSO=VS
        TR3=1./T**3
        PR=1./P
        VSR=1./VS
        VS=R*T*PR*VSR*(1.-C*VSR*TR3)*(VS+BO*(1.-B*VSR))-AO*PR*VSR*(1.-A
       1*VSR)
        ADVS=ABS(VS-VSO)
        RADVS=ADVS/VS
        IF (RADVS-.0001) 2,1,1
    1   CONTINUE
    2   RETURN
        END
```

```
          SUBROUTINE CVP(T,P,CV)
C         BERECHNET SPEZ. WAERMEKAPAZITAET BEI KONSTANTEM VOLUMEN
          COMMON /CO2/C11,C12,C13,C21,C22,C23,C31,C32,C33
          CV=C11      +C12*T       +C13*T**2+
        1 C21*P       +C22*P*T     +C23*P*T**2+
        2 C31*P**2 +C32*P**2*T+C33*(P*T)**2
          RETURN
          END

          SUBROUTINE OELSTR(TZ)
          COMMON /CO1/TQPER(10),QPER(10),N,Q
          TPER=TQPER(N)
          TG=TZ
        1 IF(TG-TPER) 2,4,3
        4 Q=QPER(N)
          GOTO 7
        3 K=IFIX(TG/TPER)
          RK=FLOAT(K)
          TG=TG-RK*TPER
          GOTO 1
        2 DO 5 J=1,N
          TX=TQPER(J)
          IF(TX-TG) 5,6,6
        6 Q=QPER(J)
          GOTO 7
        5 CONTINUE
        7 CONTINUE
          RETURN
          END



     EINGABE ANFANG


     BEIM OELSTROMBEDARF SIND ZUERST DIE PARAMETER DES
     LADESTROMS (NEGATIV) UND DANN DIE DES ENTLADESTROMS
     (POSITIV) EINZUGEBEN.


     ANZAHL DER TREPPEN PRO ZYKLUS N (HOECHSTENS 10)
     3
      TQPER(I)  QPER(I)
        [S]     [LITER/S]
     10.,-1.
     30.,-2.
     50.,2.5
       P3
      [BAR]
     330.
      TETMIN  TETMAX  TETO
      ALLE TEMPERATUREN IN GRAD CELSIUS
     -10.,30.,15.
      DELPZU
      [BAR]
     150.
      POP1Z    P2P3Z
     .9,.95
      ANZAHL DER EINGEGEBENEN SPEICHER M=
     3
```

```
PARAMETER DES HERSTELLERANGEBOTS VON KLEINEREN
ZU GROESSEREN VOLUMINA EINGEBEN.DABEI IST I=1 BIS M
VOANG(I)   TAU(I)    POTAU(I)
[LITER]    [S]       [BAR]
50.,,20.,,150.
75.,,30.,,150.
250.,,80.,,150.
 EINGABE ENDE


VORFUELLDRUCK   =  175.8  [BAR]
EFF. GASVOLUMEN=  250.0  [LITER]
```

Sachverzeichnis

Fertigung und Betrieb

Fachbücher für Praxis und Studium
Herausgeber: H. Determann, W. Malmberg

1. Band: H. H. Klein: **Fräsen, Verfahren, Betriebsmittel, wirtschaftlicher Einsatz.** 1974. 108 Abb. VIII, 96 Seiten. DM 24,– ISBN 3-540-06032-4

2. Band: W. Langsdorff: **Messen von Gewinden. Grundsätzliches, Praxis des Gewindemessens, Messen wichtiger Spezialgewinde, Gewindemeßgeräte.** 1974. 133 Abb. VIII, 96 Seiten. DM 28,– ISBN 3-540-06111-8

3. Band: E. Kauczor: **Metall unter dem Mikroskop.** Einführung in die metallographische Gefügelehre. Berichtigter Nachdruck. 1981. 125 Abb., 2 Tab. VII, 68 Seiten. DM 18,– ISBN 3-540-06362-5

4. Band: Riebensahm, Schmidt: **Prüfung metallischer Werkstoffe.** Neubearb. von P. Schmidt. 1974. 155 Abb. VIII, 105 Seiten. DM 24,–. ISBN 3-540-06380-3

5. Band: Pristl, Franke: **Arbeitsvorbereitung 1.** Betriebswirtschaftliche Vorüberlegungen, werkstoff- und fertigungstechnische Planungen. Neubearbeitet von W. Franke. 1975. 86 Abb. VIII, 97 Seiten. DM 26,–. ISBN 3-540-06611-X

6. Band: Pristl, Franke: **Arbeitsvorbereitung 2.** Der Mensch, Leistung und Lohn, technische und betriebswirtschaftliche Organisation. Neu bearbeitet von W. Franke. 1975. 51 Abb. VIII, 107 Seiten. DM 26,–. ISBN 3-540-06612-8

7. Band: H. H. Klein: **Bohren und Aufbohren. Verfahren, Betriebsmittel, Wirtschaftlichkeit, Arbeitszeitermittlung.** 1975. 163 Abb. VIII, 133 Seiten. DM 32,–. ISBN 3-540-06784-1

8. Band: H. Mauri: **Vorrichtungen I.** Einteilung, Aufgaben und Elemente der Vorrichtungen. 1976. 423 Abb. 7 Tab. XI, 134 Seiten. DM 32,–. ISBN 3-540-07367-1

9. Band: H. Mauri: **Vorrichtungen II.** Reine Spannvorrichtungen, Bohrspannvorrichtungen. Arbeitsvorrichtungen, Prüfvorrichtungen, Fehler. 1981. 250 Abb. XI, 158 Seiten. DM 29,– ISBN 3-540-09366-4

10. Band: E. Kauczor: **Metallographie in der Schadenuntersuchung.** Klärung der Ursache von Bauteilschäden, Maßnahmen zu deren Vermeidung. 1979. 141 Abb., 2 Tab. VIII, 96 Seiten DM 32,–. ISBN 3-540-09362-1

11. Band: V. Boetz: **Flexible Sonder-Werkzeugmaschinen für spanende Fertigung. Bau- und Arbeitseinheiten, Planung, Wirtschaftlichkeit, ausgeführte Bauformen.** 1979. 69 Abb. 8 Tab. IX, 90 Seiten. DM 28,–. ISBN 3-540-09367-2

12. Band: H. Martin: **Materialfluß- und Lagerplanung. Planungstechnische Grundlagen, Materialflußsysteme, Lager- und Verteilsysteme.** 1979. 47 Abb., 21 Tab. IX, 115 Seiten. DM 26,– ISBN 3-540-09368-0

13. Band: R. Kainz, R. Reinheimer: **Betriebliche Informationssammlungen.** Methoden und Mittel der Dokumentation, Ablage und Nutzung. 1981. 68 Abb. Etwa 125 Seiten. DM 38,–. ISBN 3-540-10649-9

14. Band: H. Martin: **Unternehmenserweiterung.** Planungspraxis von der Zielvorstellung bis zur Ausführungsreife. 1982. 18 Abb. 32 Tab. Etwa 110 Seiten. DM 38,–. ISBN 3-540-10984-6

Springer-Verlag
Berlin
Heidelberg
New York

Konstruktionsbücher

Herausgeber: K. Kollmann

3. Band: S. Gross: **Berechnung und Gestaltung von Metallfedern.** 3., verbesserte und erweiterte Aufl. 1960. 126 Abb. IV, 156 Seiten Geb. DM 39,–. ISBN 3-540-02568-5

7. Band: E. F. Göbel: **Gummifedern. Berechnung und Gestaltung.** 3., neubearbeitete und erweiterte Aufl. 1969. 147 Abb., VIII, 147 Seiten. DM 52,–. ISBN 3-540-04584-8

10. Band: F. Schmidt: **Berechnung und Gestaltung von Wellen.** 2., neubearbeitete Aufl. 1967. 110 Abb. IV, 107 Seiten. DM 36,– ISBN 3-540-03890-6

11. Band: G. Oehler: **Gestaltung gezogener Blechteile.** 2. Aufl. 1966. 204 Abb. und 14 Tafeln. IV, 152 Seiten. DM 52,– ISBN 3-540-03586-9

13. Band: K. H. Sieker, K. Rabe: **Fertigungs- und stoffgerechtes Gestalten in der Feinwerktechnik.** 2., überarbeitete Aufl. 1968. 525 Abb. VIII, 174 Seiten. DM 53,–. ISBN 3-540-04212-1

15. Band: H. Reichenbächer: **Gestaltung von Fahrzeuggetrieben.** 1955. 164 Abb. im Text und auf 4 Tafeln. VIII, 155 Seiten Geb. DM 48,–. ISBN 3-540-01933-2

16. Band: W. D. Bensinger: **Die Steuerung des Gaswechsels in schnellaufenden Verbrennungsmotoren. Konstruktion und Berechnung der Steuerelemente.** 2. neubearbeitete Aufl. 1968. 120 Abb. VI, 105 Seiten. DM 34,–. ISBN 3-540-04213-X

17. Band: K. Trutnovsky: **Berührungsdichtungen an ruhenden und bewegten Maschinenteilen.** 2. neubearb. Aufl. 1975. 398 Abb. XII, 306 Seiten. DM 118,–. ISBN 3-540-06689-6

19. Band: K. Stölzle, S. Hart: **Freilaufkupplungen. Berechnung und Konstruktion.** 1961. 202 Abb. im Text und auf 1 Tafel. IV, 169 Seiten. Geb. DM 57,–. ISBN 3-540-02710-6

20. Band: H. G. Rachner: **Stahlgelenkketten und Kettentriebe.** 1962. 231 Abb. VIII, 222 Seiten. Geb. DM 72,– ISBN 3-540-02867-6

21. Band: E. Kickbusch: **Föttinger-Kupplungen und Föttinger-Getriebe. Konstruktion und Berechnung.** 1963. 224 Abb. VIII, 226 Seiten. Geb. DM 72,–. ISBN 3-540-03014-X

22. Band: O. R. Lang: **Triebwerke schnellaufender Verbrennungsmotoren. Grundlagen zur Berechnung und Konstruktion.** 1966. 171 Abb. VIII, 155 Seiten. DM 55,–. ISBN 3-540-03587-7

23. Band: W. Hampp: **Wälzlagerungen. Berechnung und Gestaltung.** Berichtigter Neudruck. 1971. 228 Abb. VI, 181 Seiten. DM 52,–. ISBN 3-540-04214-8

24. Band: H. Hentze: **Gestaltung von Gußstücken.** 1969. 208 Abb. IV, 158 Seiten. DM 64,–. ISBN 3-540-04585-6

25. Band: H. Leipholz: **Festigkeitslehre für den Konstrukteur.** 1969. 208 Abb. VII, 187 Seiten. DM 39,–. ISBN 3-540-04586-4

26. Band: J. Looman: **Zahnradgetriebe. Grundlagen und Konstruktion der Vorgelege- und Planetenradgetriebe.** 1970. 319 Abb. VII, 287 Seiten. Geb. DM 96,–. ISBN 3-540-04894-4

27. Band: W. G. Rodenacker: **Methodisches Konstruieren.** 2., völlig neubearb. Aufl. 1976. 230 Abb. XII, 324 Seiten. DM 94,–. ISBN 3-540-07513-5

28. Band: H. W. Müller: **Die Umlaufgetriebe. Berechnung, Anwendung, Auslegung.** 1971. 174 Abb. XII, 242 Seiten. DM 90,–. ISBN 3-540-05172-4

29. Band: U. Claussen: **Konstruieren mit Rechnern.** 1971. 143 Abb. VIII, 260 Seiten. DM 48,–. ISBN 3-540-05173-2

30. Band: G. Oehler, A. Weber: **Steife Blech- und Kunststoffkonstruktionen.** 1972. 202 Abb. VII, 172 Seiten. DM 64,– ISBN 3-540-05635-1

31. Band: O. R. Lang, W. Steinhilper: **Gleitlager. Berechnung und Konstruktion von Gleitlagern mit konstanter und zeitlich veränderlicher Belastung.** 1978. 252 Abb., 54 Tab., 6 Arbeitsblätter. XI, 414 Seiten. Geb. DM 148,–. ISBN 3-540-08678-1

G. Pahl, W. Beitz

Konstruktionslehre

Handbuch für Studium und Praxis

1976. 336 Abbildungen. XI, 465 Seiten
Gebunden DM 98,–
ISBN 3-540-07879-7

Inhaltsübersicht: Einführung. – Grundlagen. – Der
Konstruktionsprozeß. – Produkt planen und Aufgabe klären. – Konzipieren. – Entwerfen. – Entwickeln von Baureihen und Baukästen. – Ausarbeiten. – Rechnerunterstützung. – Übersicht und verwendete Begriffe. – Sachverzeichnis.

Das Buch vermittelt eine moderne Strategie des
Konstruierens im Maschinen-, Apparate- und
Gerätebau. Die Kenntnisse der Maschinenele-
mente voraussetzend, stellt es – unabhängig von
einem bestimmten Fachgebiet – das methodische
Vorgehen und die Hilfsmittel zur Konstruktion
technischer Systeme dar. Die Gliederung entspricht
dem Fortschreiten der Konstruktionsarbeit:
Produkt planen, Klären der Aufgabenstellung,
Konzipieren, Entwerfen (die bedeutsamste Phase
und der Schwerpunkt der Konstruktionstätigkeit),
Ausarbeiten der Fertigungsunterlagen. Zusätzlich
wird das der Rationalisierung dienende Entwickeln
von Baureihen und Baukästen und schließlich der
Rechnereinsatz in der Konstruktion behandelt.
Die dargestellte Konstruktionslehre spricht glei-
chermaßen den in der Praxis tätigen Konstrukteur
und den Studierenden an. Besonderer Wert ist auf
eine für den Praktiker verständliche Sprache gelegt.

D. Findeisen, F. Findeisen

Ölhydraulik

Theorie und Anwendung

1978. 3., neubearbeitete Auflage. 199 Abbil-
dungen. XIV, 223 Seiten
Gebunden DM 68,–
ISBN 3-540-03515-7

Mit der zunehmenden Ausbreitung hydrostatischer
Antriebe und Steuerungen, die in zahlreichen
Industriezweigen die mechanischen Übertragungs-
elemente verdrängen konnten, hat sich die Ölhydraulik als Teil der Fluidtechnik zu einem selb-
ständigen, branchenübergreifenden Fachgebiet
entwickelt.
In diesem Fachbuch werden die theoretischen
Grundlagen sowie erprobte Bauarten ölhydrau-
lischer Geräte zur Energieumformung, -steuerung,
und -übertragung nach Wirkungsweise, Aufbau und
Einsatzbereich dargelegt. Arbeitsdiagramme, Be-
rechnungsbeispiele, Schaltpläne, erläuternde Hin-
weise und Richtwerte sollen den Anwender in die
lage versetzen, möglichst schnell einen umfassen-
den Überblick über das Fachgebiet zu gewinnen
und ölhydraulische Anlagen aus handelsüblichen
Standardelementen je nach der konstruktiven
Aufgabe anforderungsgerecht auszulegen.

Konstruktion

Zeitschrift für Konstruktion und Entwicklung
im Maschinen-, Apparate- und Gerätebau
Organ der VDI-Gesellschaft
Konstruktion und Entwicklung (VDI-GKE)

ISSN 0023-3625   Titel Nr. 110

Herausgeber: W. Beitz, Berlin

Schriftleitung: B. Küffer, Berlin

Beirat: K. Federn, F. Jarchow, G. Kiper,
K.-H. Kloos, G. Pahl, H. Peeken, H.-J. Thomas,
E. Ziebart

Die KONSTRUKTION berichtet über alle Tätig-
keiten und Probleme zwischen Produktidee und
Ausarbeiten der Fertigungsunterlagen. Dazu ge-
hören neben Produktplanung und Produktentwick-
lung auch Forschungsergebnisse und Erfahrungs-
berichte aus der Konstruktionspraxis, besonders auf
den Gebieten Konstruktionselemente, Schwin-
gungstechnik, Festigkeit und Werkstoffauswahl,
Getriebe- und Antriebstechnik, Konstruktions-
methodik und rechnerunterstützte Konstruktion
sowie Meßtechnik, Hydraulik und Pneumatik.

Informationen über Bezugsbedingungen und
Probehefte erhalten Sie bei Ihrem Buchhändler
oder direkt bei:
Springer-Verlag
Wissenschaftliche Information Zeitschriften
Postfach 105 280
D-6900 Heidelberg 1

Springer-Verlag
Berlin
Heidelberg
New York

Printed in the United States
by Baker & Taylor Publisher Services